普通高等教育机械工程类精品课程系列教材

计算机绘图实践教程

（AutoCAD 2023版）

◎主　编　杨光辉
◎副主编　陈　平　许　倩
◎主　审　窦忠强　尚凤武

U0261069

中国铁道出版社有限公司

2024年·北京

内 容 简 介

本书以 AutoCAD 2023 为设计平台，以通俗的语言、大量的插图和实例，由浅入深地详细讲解了 AutoCAD 的各种功能。每个重要的知识点配备有精选例题，在讲解中配有大量的图例和详细步骤，适合课堂讲解和上机实践训练，同时每章配备有课后练习题，部分练习题配有参考答案和绘图提示，方便读者课下巩固练习。全书共 12 章，包括：概述，基本概念与基本操作，常用绘制二维图形命令，常用图形的编辑方法，线型、线宽、颜色及图层，图形显示控制和精确绘图，文字和尺寸标注，块，平面图形、组合体和机件视图的绘制，零件图和装配图的绘制，数据转换和打印输出，使用 AutoCAD 进行简单三维建模。

本书内容丰富、实用性强，适合作为高等学校机械类、近机械类等相关专业的教材，也可供计算机辅助设计人员及相关工程技术人员学习参考。

图书在版编目（CIP）数据

计算机绘图实践教程：AutoCAD 2023 版/杨光辉主编. —北京：中国铁道出版社有限公司，2024.7
ISBN 978-7-113-31094-3

Ⅰ. ①计… Ⅱ. ①杨… Ⅲ. ①AutoCAD 软件 – 教材
Ⅳ. ①TP391. 72

中国国家版本馆 CIP 数据核字（2024）第 054203 号

书　　名：计算机绘图实践教程（AutoCAD 2023 版）
作　　者：杨光辉

责任编辑：尹　娜　　　　　编辑部电话：(010)51873206　　　　电子邮箱：624154369@qq. com
封面设计：刘　颖
责任校对：苗　丹
责任印制：樊启鹏

出版发行：中国铁道出版社有限公司(100054,北京市西城区右安门西街 8 号)
网　　址：http://www. tdpress. com
印　　刷：三河市国英印务有限公司
版　　次：2024 年 7 月第 1 版　　2024 年 7 月第 1 次印刷
开　　本：787 mm×1 092 mm 1/16　印张：18.25　字数：456 千
书　　号：ISBN 978-7-113-31094-3
定　　价：59.80 元

版权所有　侵权必究

凡购买铁道版图书，如有印制质量问题，请与本社读者服务部联系调换。电话：(010)51873174
打击盗版举报电话：(010)63549461

前　　言

计算机辅助设计(computer aided design，CAD)技术推动了产品设计和工程设计的革命，受到了极大重视并被广泛应用。计算机绘图与三维建模作为一种新的工作技能，有着强烈的社会需求，正在成为我国就业中的新亮点。AutoCAD 是美国 Autodesk 公司于1982 年推出的具有强大的二维绘图功能和二次开发功能的计算机辅助设计软件。目前，AutoCAD 是全球用户最多的 CAD 软件之一，也是目前我国影响最大的图形设计软件。AutoCAD 自问世以来，已经经过了 30 多次升级。随着版本的更新，其功能更加全面，操作更为方便。

为了配合广大学生和工程技术人员尽快掌握计算机进行绘图的有关操作方法，本书以 AutoCAD 2023 为设计平台，是《计算机绘图实践教程(AutoCAD 2014 版)》的升级改版。本书以通俗的语言、大量的插图和实例，由浅入深地详细讲解了 AutoCAD 的实用功能。其主要特色如下：

(1)知识的系统性：本书的编写遵循并注重学生认知规律，内容从浅入深、由易到难，讲解循序渐进，知识点逐渐展开；结构安排合理，适合于理论课和实训课交叉进行。

(2)突出其实用性：每个重要的知识点配备有精选例题，在讲解中配有大量的图例和详细步骤，适合课堂讲解和上机实践训练；同时每章配备有课后练习题，部分习题配有参考答案和绘图提示，方便读者课下巩固练习。

(3)查询的方便性：由于 AutoCAD 具有丰富和强大的二维绘图功能，受篇幅所限，仅选择了一些常用的命令进行详解，如果用到其他命令，可参考本书附录部分，其给出了功能键、快捷组合键，以及常用的各种绘图和编辑命令，方便读者查询使用。

(4)最新国家标准：本书采用了近年来发布的最新国家标准，使读者在学习计算机绘图技能的同时，及时掌握计算机绘图最新国家标准。

本书是在多年计算机工程图学教学实践改革的基础上，吸收现代工程制图教学改革的新成果。本书的部分示例选用了"全国 CAD 技能等级考试"和"全国计算机辅助技术认证考试"的考试真题，代表了计算机绘图的先进水平。本书在编写过程中注重不同章节之间的联系，每章后附有练习题，方便绘图者进行针对性练习。

本书是根据教育部高等学校工程图学教学指导委员会制定的《普通高等院校工程图学课程教学基本要求》《全国大学生先进图形技能与创新大赛机械类竞赛大纲》《全国计算机辅助技术认证考试》和中国图学会《CAD 技能等级考评大纲》构思整体框架，参考国内外同类教材，在我校教学实践的基础上编写而成。本教材的编写得到高等学校本科教学质量与教学改革工程建设项目和北京科技大学教材建设项目的支持。

本书由北京科技大学杨光辉任主编,陈平、许倩任副主编。在编写过程中,得到了许多同行的帮助和支持,在此表示感谢。北京科技大学窦忠强教授、北京航空航天大学尚凤武教授对本书进行了审阅,并提出了许多宝贵意见和建议,在此表示衷心的感谢。

由于编者水平有限,书中不足及疏漏在所难免,敬请广大读者批评指正。作者电子邮件联系方式:yanggh@ustb.edu.cn。

编　者

2023 年 10 月

目　　录

第1章 概　　述

💻 学习目的与要求

　　计算机辅助设计（Computer Aided Design ，CAD）是以计算机、外围设备及其系统软件为基础，包括二维绘图设计、三维几何造型设计、优化设计、仿真模拟及产品数据管理等内容，逐渐向标准化、智能化、可视化、集成化、网络化方向发展。本章主要介绍计算机辅助设计技术的发展、AutoCAD 的发展历史和 AutoCAD 的主要功能。要求：

　　（1）了解计算机辅助设计的发展；

　　（2）了解常用的计算机绘图和造型软件；

　　（3）了解学习计算机绘图的方法。

1.1　计算机辅助设计技术的发展

　　计算机辅助设计是指通过计算机的计算功能和图形处理能力，对开发项目进行辅助设计分析、修改和优化，其随着计算机、网络、信息、人工智能等技术或理论的进步而不断发展。概括来说，CAD 的设计对象有两大类，一类是机械、电子、电气、轻工和纺织产品；另一类是工程建筑。如今，CAD 技术的应用范围已经延伸到艺术、电影、动画、广告、娱乐等领域，产生了巨大的经济和社会效益，有着广泛的应用前景。

　　主要发展阶段包括：

　　20 世纪 60～70 年代，提出并发展了计算机图形学、交互技术、分层存储符号的数据结构等新思想，为 CAD 技术的发展和应用奠定了理论基础。

　　20 世纪 80 年代，图形系统和 CAD/CAM 工作站的销售量与日俱增，美国实际安装 CAD 系统至 1988 年发展到 63 000 套。CAD/CAM 技术从大中企业向小企业扩展；从发达国家向发展中国家扩展；从用于产品设计发展到用于工程设计和工艺设计。

　　20 世纪 90 年代，由于计算机加 Windows 95/98/NT 操作系统与工作站加 UNIX 操作系统在互联网环境下构成了 CAD 系统的主流工作平台，因此现在的 CAD 技术和系统都具有良好的开放性。图形接口、图形功能日趋标准化。

　　21 世纪初是 CAD 软件重新洗牌、重新整合的阶段。近几年里，CATIA、UG 等软件公司合并，以及 AutoCAD 等软件在原来二维绘图为主基础上，逐渐完善、开发了三维功能。随着 Internet 技术的广泛应用，协同设计、虚拟制造等技术的发展，要求一个完善的 CAD 软件必须能够满足现代设计人员的各种要求，如 CAD 与 CAM 的集成、无缝连接及较强的装配功能、渲染、仿真、检测功能。

1.2 AutoCAD 发展历史

作为现代设计和绘图工作的一个重要手段，计算机绘图与手工绘图相比，能缩短设计和绘图周期，减少人力和物力、提高设计质量、便于用户内部管理和对外交流。随着计算机硬件和软件功能的不断提高与完善，计算机绘图已被广泛应用于各个领域。常用工程图样有机械、电气、建筑和土木工程图样。目前，许多软件都可以满足计算机绘图和建模的需要，常用的计算机绘图软件有 AutoCAD、Inventor、3ds Max、Revit、UG、Pro/Engineer、SolidWorks、CAXA、Solidedge、SketchUp、Visio、Protel、Maya 等。

AutoCAD 是具有易于掌握、使用方便、体系结构开放等特点，深受广大工程技术人员的欢迎。AutoCAD 通过不断升级，其功能逐渐全面，且日趋完善。如今，AutoCAD 已广泛应用于机械、建筑、电子、航天、造船、石油化工、土木工程、冶金、农业、气象、纺织、轻工业等领域。在中国，AutoCAD 已成为工程设计领域中应用最为广泛的计算机辅助设计软件之一。

1982 年 12 月，美国 Autodesk 公司首先推出 AutoCAD 的第一个版本，AutoCAD 1.0 版。经过不断升级，于 2022 年推出了 AutoCAD 2023，使其性能和功能都有较大的提升，同时保证了与低版本的完全兼容，见表 1-1。

表 1-1 AutoCAD 推出的不同版本

推出时间	版本	推出时间	版本
1982 年 12 月	1.0 版	2000 年 7 月	2000i 版
1983 年 4 月	1.2 版	2001 年 5 月	2002 版
1983 年 8 月	1.3 版	2003 年	2004 版
1983 年 10 月	1.4 版	2004 年	2005 版
1984 年 10 月	2.0 版	2005 年	2006 版
1985 年 5 月	2.1 版	2006 年	2007 版
1986 年 6 月	2.5 版	2007 年	2008 版
1987 年 4 月	2.6 版	2008 年	2009 版
1987 年 9 月	9.0 版	2009 年	2010 版
1988 年 10 月	10.0 版	……	……
1990 年	11.0 版	……	……
1992 年	12.0 版	2019 年	2020 版
1994 年	13.0 版	2020 年	2021 版
1997 年 6 月	R14 版	2021 年	2022 版
1999 年 3 月	2000 版	2022 年	2023 版

1.3　AutoCAD 2023 的主要功能

AutoCAD 是一种通用的计算机辅助设计软件,与传统设计相比,AutoCAD 的应用大大提高了绘图的速度,也为设计出质量更高的作品提供了更为先进的方法。

1. 绘图功能

创建二维图形。用户可以通过输入命令完成点、直线、圆弧、圆、椭圆、矩形、正多边形、多段线、样条曲线等绘制。针对相同图形的不同情况,AutoCAD 还提供了多种绘制方法,例如圆的绘制方法就有多种。

创建三维实体。AutoCAD 提供了立方体、楔体、圆柱体、圆锥体、圆环体、球体等直接创建三维实体模型的方法,并提供了拉伸、旋转、放样等由平面图形生成三维实体模型的方法,还可通过布尔运算等功能对三维实体模型进行编辑。

创建曲面模型。AutoCAD 提供了旋转曲面、平移曲面、直纹曲面、边界曲面、三维曲面等创建曲面模型的方法。

2. 编辑功能

AutoCAD 不仅具有强大的绘图功能,而且还具有强大的图形编辑功能,例如对于图形或线条对象,可以采用删除、恢复、移动、复制、镜像、旋转、修剪、拉伸、缩放、倒角、倒圆等方法进行修改和编辑。

3. 图形显示功能

AutoCAD 可以任意调整图形的显示比例,以便观察图形的全部或局部区域,并可以对图形的上、下、左、右进行移动以便进行观察。AutoCAD 为用户提供了六个标准视图(六种视角)和四个轴测视图,并可以通过视点工具设置任意的视角观察对象,还可以利用三维动态观察器和相机设置不同的透视效果。

AutoCAD 可以从三百多种材质中任意选择,应用光度计功能,并对显示加以控制,从而实现更精确的照片般真实感的渲染图,以更为逼真的方式实现设计创意的可视化。AutoCAD 最终可以根据打印设置将图样打印出来。

4. 支持多种操作平台

AutoCAD 支持多种操作平台,用户可以根据需要自定义各种菜单及与图形有关的一些属性。AutoCAD 提供了一种内部的 Visual LISP 编辑开发环境,用户可以使用 LISP 语言定义新命令,开发新的应用与解决方案。根据需求可以配置设置、扩展软件、构建定制工作流程,开发个人专用应用或使用已构建好的应用。

随着时间的推移和软件的不断完善,AutoCAD 已由原先的侧重于二维绘图技术为主,发展到二维、三维绘图技术兼备,且具有网上设计的多功能 CAD 软件系统。

练　习　题

1. 计算机辅助设计技术经历了哪几个主要发展阶段?
2. AutoCAD 具有哪些基本功能?

第2章 基本概念与基本操作

📋 **学习目的与要求**

AutoCAD 是目前工程界应用最为广泛和普及的计算机辅助设计及绘图软件之一。
要求：
（1）了解 AutoCAD 2023 的安装和启动；
（2）熟悉 AutoCAD 2023 的经典工作界面，掌握 AutoCAD 的命令及其执行方式；
（3）了解 AutoCAD 中的图形文件管理；
（4）掌握在 AutoCAD 中确定点的位置以及绘图基本设置与操作。

2.1　安装、启动 AutoCAD 2023

1. 安装 AutoCAD 2023

AutoCAD 2023 软件以光盘形式提供，光盘中有名为 SETUP. EXE 的安装文件。执行 SETUP. EXE 文件，根据弹出的窗口选择、操作即可。

2. 启动 AutoCAD 2023

安装 AutoCAD 2023 后，系统会自动在 Windows 桌面上生成对应的快捷方式。双击该快捷方式，即可启动 AutoCAD 2023。与启动其他应用程序一样，也可以通过 Windows 资源管理器、Windows 任务栏按钮等启动 AutoCAD 2023。

2.2　AutoCAD 2023 工作空间

AutoCAD 2023 的主要工作空间有"草图与注释""三维基础"和"三维建模"。首次启动 AutoCAD 2023，系统进入默认的"草图与注释"工作空间。选择工作空间的方法为：用户可以单击工作界面下方的"切换工作空间"图标按钮 ⚙ ▾，切换到所需的工作空间，如图 2-1 所示。

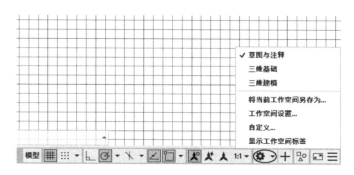

图 2-1　使用"切换工作空间"图标按钮选择工作空间

2.2.1　"草图与注释"工作空间

"草图与注释"工作空间是在特定任务下专门定制的工作空间。在此工作空间中,常用的工具栏都被集中到功能区的各个面板中,便于用户随时调用命令,如图 2-2 所示。

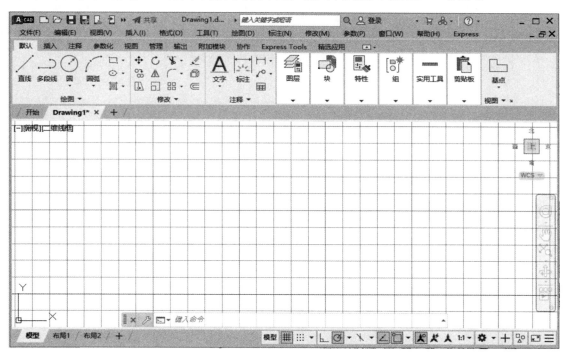

图 2-2　"草图与注释"工作空间

1. 菜单栏的显示与隐藏

默认情况下的"草图与注释"工作空间的菜单栏如图 2-2 所示。通过单击"快速工具栏"上的下三角按钮 ,然后在下拉菜单中选择【显示菜单栏】命令,可调出工作空间的菜单栏,如图 2-3 所示。再次选择"隐藏菜单栏"命令,即可隐藏菜单栏,如图 2-4 所示。

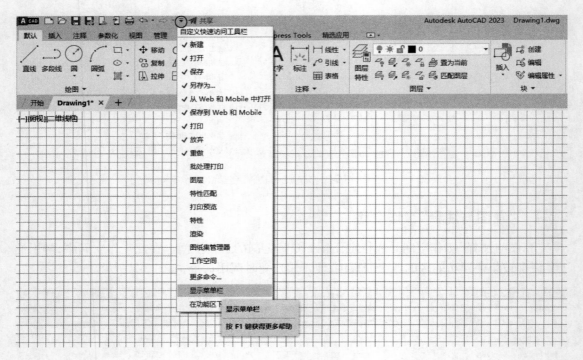

图 2-3　显示菜单栏

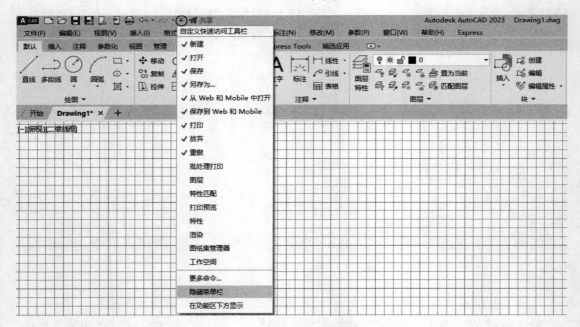

图 2-4　隐藏菜单栏

2. 功能区选项卡和面板

功能区是 AutoCAD2010 版本以后出现的一种特殊选项板,用于集合目前工作空间中与任务关联的图标按钮和控件。

3. 浮动面板

用户可通过单击功能区面板标题名称,并按住鼠标不放,将其拖到任何位置,此时,面板就成为浮动面板,如图 2-5 所示。这时把鼠标放在浮动面板上就会出现如图 2-5 所示的符号,再将鼠标放于 ▬ 处,出现提示"将面板返回到功能区",单击该按钮,面板就可回到功能区原来的位置。

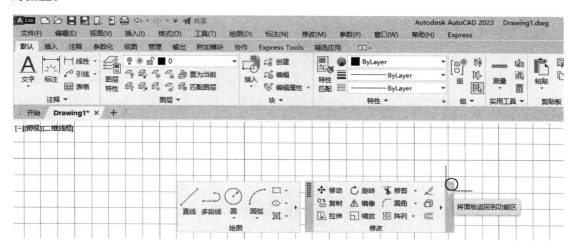

图 2-5　浮动面板

4. 面板的展开

用户可以单击面板标题后的下三角按钮,还可以单击浮动面板右方的下三角按钮,这时面板会展开显示其他的工具图标按钮,如图 2-6 和图 2-7 所示。

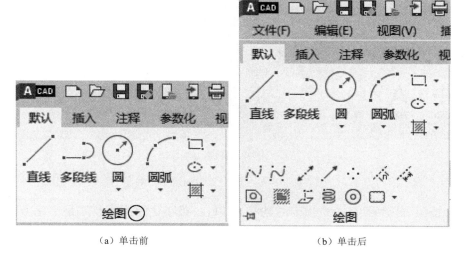

（a）单击前　　　　　　　　　　　（b）单击后

图 2-6　单击面板标题后的下三角按钮

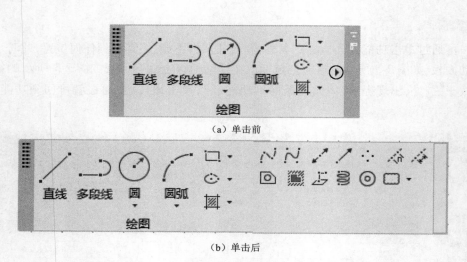

（a）单击前

（b）单击后

图 2-7　单击浮动面板右方的下三角按钮

5. 各选项卡和面板的显示切换

在选项卡标题后面,有两个三角符号按钮 ，第一个按钮可以切换各个选项卡面板的显示,可以从"最小化为面板按钮"变为"显示完整的功能区"显示,如图 2-8 所示。

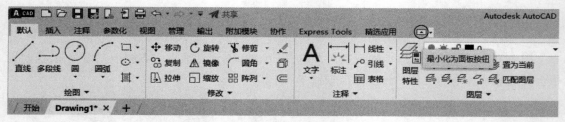

（a）"显示完整的功能区"显示

（b）"最小化为面板按钮"显示

图 2-8　切换各个选项卡面板的显示

第二个按钮可以切换各个选项卡的显示,可以在"最小化为选项卡""最小化为面板标题"和"最小化为面板按钮"之间切换,如图 2-9 所示。

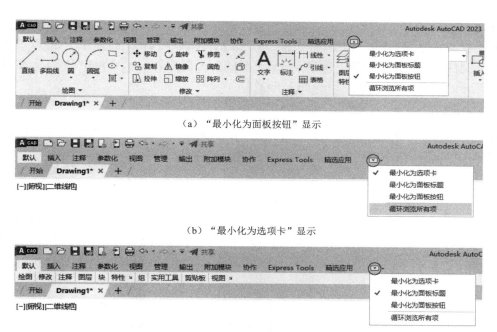

（a）"最小化为面板按钮"显示

（b）"最小化为选项卡"显示

（c）"最小化为面板标题"显示

图 2-9　切换各个选项卡的显示

2.2.2　"草图与注释"操作界面

AutoCAD 2023 的操作界面由标题栏、快速访问工具栏、菜单栏、工具栏、绘图窗口、光标、坐标系图标、命令窗口、状态栏、模型/布局选项卡、滚动条、各选项卡、导航栏等组成，如图 2-10 所示。

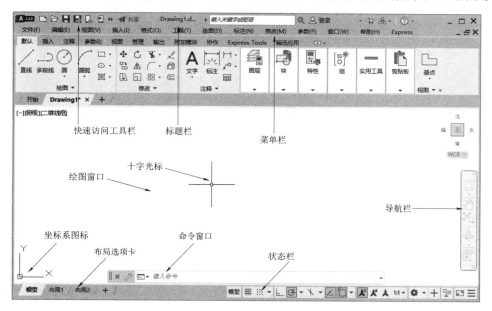

图 2-10　"草图与注释"操作界面

1. 标题栏

标题栏与其他 Windows 应用程序类似,用于显示 AutoCAD 2023 的程序图标,以及当前所操作图形文件的名称。用户第一次启动 AutoCAD 时,标题栏将显示 AutoCAD 2023 在启动时创建并打开的图形文件的名字"Drawing1.dwg"。

2. 快速访问工具栏

快速访问工具栏上有一些常用的图标按钮,主要包括"新建""打开""保存""打印"等,用户可以通过单击"快速工具栏"上的下三角按钮▼来选择自己常用的一些操作。

3. 菜单栏

菜单栏是主菜单,可利用其执行 AutoCAD 的大部分命令。单击菜单栏中的某一项,会弹出相应的下拉菜单。图 2-11 为"视图"下拉菜单。下拉菜单中,右侧有小三角的菜单项,表示它还有级联菜单。图 2-11 显示出了【缩放】级联菜单;级联菜单右侧如有三个小点的菜单项,表示单击该菜单项后要显示出一个对话框;右侧没有内容的菜单项,单击后会执行对应的 AutoCAD 命令。

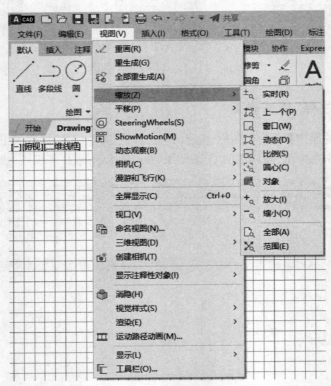

图 2-11   "视图"下拉菜单

4. 工具栏

AutoCAD 2023 提供了 40 多个工具栏,每一个工具栏上均有一些形象化的按钮。单击某一按钮,可以启动 AutoCAD 的对应命令。

用户可以通过选择与下拉菜单【工具】|【工具栏】|【AutoCAD】对应的子菜单命令,也可

以打开 AutoCAD 的各工具栏,如图 2-12(a)所示。

常见的工具栏有"绘图"工具栏、"修改"工具栏等,如图 2-12(b)和图 2-12(c)所示。

（a）打开工具栏

（b）"绘图"工具栏

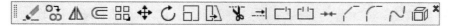

（c）"修改"工具

图 2-12　打开工具栏的方法

5. 绘图窗口

绘图窗口类似于手工绘图时的图纸,是用户用 AutoCAD 2023 绘图并显示所绘图形的区域。在绘图区中右击,打开快捷菜单。

6. 光标

当光标位于 AutoCAD 的绘图窗口时为十字形状,所以又称其为十字光标。十字线的交点为光标的当前位置。十字光标的方向与当前用户坐标系的 X 轴、Y 轴方向平行。AutoCAD 的光标用于绘图、选择对象等操作。

7. 坐标系图标

坐标系图标通常位于绘图窗口的左下角,表示当前绘图所使用的坐标系的形式及坐标方向等。AutoCAD 提供有世界坐标系(world coordinate system,WCS)和用户坐标系(user coordinate system,UCS)两种坐标系。世界坐标系为默认坐标系。

8. 命令窗口

命令窗口是 AutoCAD 显示用户从键盘输入的命令和显示 AutoCAD 提示信息的地方。默认时,AutoCAD 在命令窗口保留最后三行所执行的命令或提示信息。用户可以通过拖动窗口边框的方式改变命令窗口的大小,使其显示多于 3 行或少于 3 行的信息。对于当前命令行中输入的内容,可以按【F2】键用文本编辑的方法进行编辑。

9. 状态栏

状态栏用于显示或设置当前的绘图状态。状态栏上位于左侧的一组数字反映当前光标的坐标,其余按钮从左到右分别表示当前是否启用了捕捉模式、栅格显示、正交模式、极轴追踪、对象捕捉、对象捕捉追踪、动态 UCS、动态输入等功能,以及是否显示线宽、当前的绘图空间等信息。

10. 模型/布局选项卡

模型/布局选项卡用于实现模型空间与图纸空间的切换。

11. 滚动条

利用水平和垂直滚动条,可以使图纸沿水平或垂直方向移动,即平移绘图窗口中显示的内容。

2.2.3 "三维基础"工作空间

"三维基础"工作空间和"草图与注释"工作空间的性质一样,与"草图与注释"工作空间不同的是其功能区选项卡和面板主要是针对三维基础建模的任务而设定的,如图 2-13 所示。

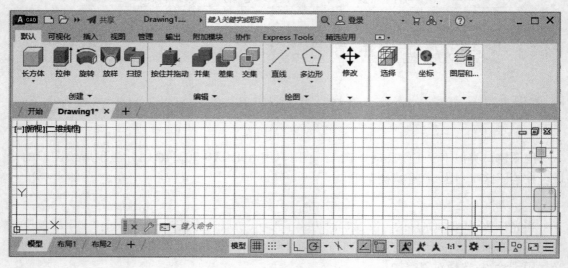

图 2-13 "三维基础"工作空间

2.2.4　"三维建模"工作空间

"三维建模"工作空间是为三维建模任务而设定的绘图环境,界面如图 2-14 所示。

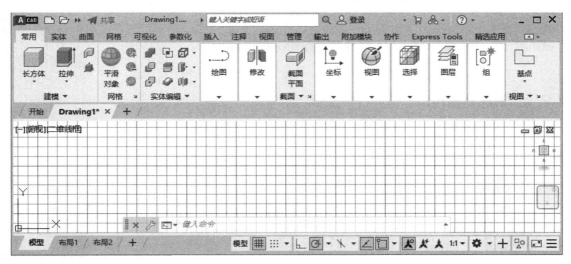

图 2-14　"三维建模"工作空间

2.3　AutoCAD 命令

2.3.1　执行 AutoCAD 命令的方式

执行 AutoCAD 命令有以下几种方式:

①通过键盘输入命令;

②通过菜单执行命令;

③通过工具栏执行命令;

④重复执行命令。具体方法如下:

● 按【Enter】键或按【Space】键;

● 使光标位于绘图窗口中右击,AutoCAD 弹出快捷菜单,并在菜单的第一行显示出上一次所执行的命令,选择此命令即可重复执行对应的命令。

在命令的执行过程中,用户可以通过按【Esc】键,或右击,从弹出的快捷菜单中选择【取消】命令终止 AutoCAD 命令的执行。

2.3.2　透明命令

透明命令是指执行 AutoCAD 的命令过程中可以嵌套执行的某些命令。当在绘图过程中需要透明执行某一命令时,可直接选择对应的菜单命令或单击工具栏中对应的按钮,而后根据提示执行对应的操作。透明命令执行完毕后,AutoCAD 会返回到执行透明命令之前的提示,即继续执行对应的操作。

通过键盘执行透明命令的方法为:在当前提示信息后输入"'"符号,再输入对应的透明命令后按【Enter】键或【Space】键,就可以根据提示执行该命令的对应操作,执行后 AutoCAD 会返回到透明执行此命令之前的提示。

2.4　图形文件管理

2.4.1　创建新图形

单击【快速访问标准】工具栏中的【新建】按钮□,或选择【文件】|【新建】命令,即执行 NEW 命令,弹出"选择样板"对话框,如图 2-15 所示。

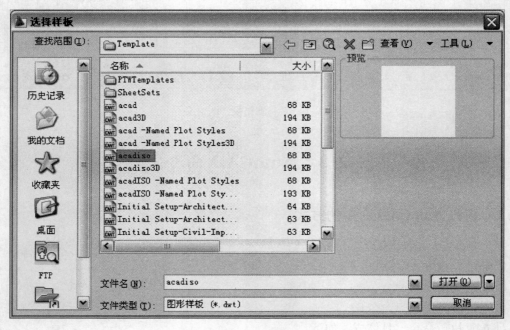

图 2-15　"选择样板"对话框

通过此对话框选择对应的样板后(初学者一般选择样板文件 acadiso. dwt 即可),单击【打开】按钮,就会以对应的样板为模板建立一个新图形。

AutoCAD 自带有各种图纸大小的样板文件,如 acad. dwt、acadiso. dwt、ansi_a. dwt、din_a. dwt. dwt、iso_a4. dwt. dwt、jis_a3. dwt. dwt。其中 ansi、din、jis、iso 样本图形文件都是基于由 ANSI(美国国家标准组织)、DIN(德国国家标准组织)、JIS(日本国家标准组织)和 ISO(国际标准化组织)开发的绘图标准。其内容大多数与我国或行业的标准不一致,所以在实际工作中,用户可以制作自己的样板图,以便节约时间,提高工作效率。

2.4.2　打开图形

单击【快速访问标准】工具栏中的【打开】按钮☞,或选择【文件】|【打开】命令,即执行

OPEN 命令,弹出与图 2-15 类似的"选择文件"对话框,可通过此对话框确定要打开的文件并打开它。

2.4.3　保存图形

1. 用 QSAVE 命令保存图形

单击【快速访问标准】工具栏中的【保存】按钮 ,或选择【文件】|【保存】命令,即执行 QSAVE 命令,如果当前图形没有命名保存过,会弹出"图形另存为"对话框。通过该对话框指定文件的保存位置及名称后,单击【保存】按钮,即可实现保存。

如果执行 QSAVE 命令前已对当前绘制的图形命名保存过,那么执行 QSAVE 后,AutoCAD 直接以原文件名保存图形,不再要求用户指定文件的保存位置和文件名。

2. 换名存盘

换名存盘指将当前绘制的图形以新文件名存盘。执行 SAVEAS 命令,弹出"图形另存为"对话框,要求用户确定文件的保存位置及文件名保存即可。

2.5　点 的 确 定

2.5.1　绝对坐标

1. 直角坐标

直角坐标用点的 X、Y、Z 坐标值表示该点,且各坐标值之间要用逗号隔开,即 x,y,z。

2. 极坐标

极坐标用于表示二维点,其表示方法为:距离<角度。"距离"为点到原点的距离,"角度"为该点和原点的连线与 X 轴的夹角。"角度"逆时针为正,顺时针为负。

3. 球坐标

球坐标用于确定三维空间的点,它用三个参数表示一个点,即点与坐标系原点的距离 L;坐标系原点与空间点的连线在 XY 面上的投影与 X 轴正方向的夹角(简称在 XY 面内与 X 轴的夹角)α;坐标系原点与空间点的连线同 XY 面的夹角(简称与 XY 面的夹角)β,各参数之间用符号"<"隔开,即"$L<\alpha<\beta$"。例如,"150<45<35"表示一个点的球坐标,各参数的含义如图 2-16 所示。

4. 柱坐标

柱坐标也是通过三个参数描述一点:即该点在 XY 面上的投影与当前坐标系原点的距离 ρ;坐标系原点与该点的连线在 XY 面上的投影同 X 轴正方向的夹角 α;以及该点的 Z 坐标值。距离与角度之间要用符号"<"隔开,而角度与 Z 坐标值之间要用逗号隔开,即"$\rho<\alpha$,z"。例如,"100<45,85"表示一个点的柱坐标,各参数的含义如图 2-17 所示。

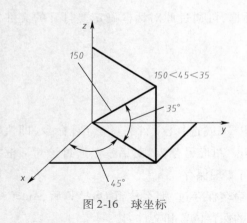

图 2-16　球坐标

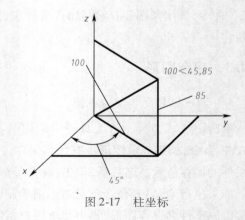

图 2-17　柱坐标

2.5.2　相对坐标

相对坐标是指相对于前一坐标点的坐标。相对坐标也有直角坐标、极坐标、球坐标和柱坐标四种形式，其输入格式与绝对坐标相同，但要在输入的坐标前加前缀"@"。

在画平面图形时，常用直角坐标和极坐标，其坐标及其输入见表 2-1。

表 2-1　坐标及其输入

坐标类型		输入形式	示例
绝对坐标	直角坐标	x,y,z	"10,8,12"表示该点的 x 值是 10，y 值是 8，z 值是 12
	极坐标	距离 < 角度	"15 < 45"表示该点到原点的距离为 15，与 X 轴的夹角为 45°
相对坐标	直角坐标	@ Δx，Δy，Δz	"@10，−15"表示新点与上一点在 X 轴正方向上相差 10 个单位，在 Y 轴负方向上相差 15 个单位
	极坐标	@ 距离 < 角度	"@18 < 60"表示新点与上一点的距离为 18，同上一点的连线与 X 轴的夹角为 60°

2.6　绘图基本设置与操作

2.6.1　设置图形界限

命令调用方式：

下拉菜单:【格式】|【图形界限】

命　令　行:LIMITS

绘图边界即是设置图形绘制完成后输出的图纸大小。常用图纸规格有 A0 ~ A4，一般称为 0 ~ 4 号图纸。绘图界限的设置应与选定图纸的大小相对应。在模型空间中，绘图极限用来规定一个范围，使所建立的模型始终处于这一范围内，避免在绘图时出错。利用 LIMITS 命令可以定义绘图边界，相当于手工绘图时确定图纸的大小。绘图界限是代表绘图极限范围的两个二维点的 WCS 坐标，这两个二维点分别是绘图范围的左下角和右上角，它们确定的矩形就是当前定义的绘图范围，在 Z 方向上没有绘图极限限制。

注意:在设定图形界限时必须选择 < ON > 命令，取消设定图形界限时必须选择 < OFF > 命令。

例 **2.1**　设置国家标准规定中 A4 图幅的图形界限。

操作步骤：

命令:LIMITS ↙

重新设置模型空间界限：

指定左下角点或［开(ON)/关(OFF)］<0.0000,0.0000>:↙　　//默认左下角点坐标

指定右上角点<420.0000,297.0000>:210,297 ↙　　　　//A4 图幅(x 值 210,y 值 297)

注意:本书在命令行提示后用"↙"表示按下【Enter】键;"//"后内容为说明内容;"( )"命令行显示提示内容(包括特定的符号和命令选项参数)。命令行提示中：

- "［ ］"方括号:表示包括的命令选项。
- "/"分隔符:表示分隔命令各选项。
- "( )"圆括号:表示只需输入括号内的字母来选择括号前命令选项。
- "< >"尖括号:表示括号内为默认选项或默认值。

2.6.2　设置绘图单位格式

命令调用方式：

下拉菜单:【格式】|【单位】

命　令　行:UNITS(简写 UN)

UNITS 命令用于设置绘图的长度单位、角度单位的格式以及它们的精度。默认情况下 AutoCAD 使用十进制单位进行数据显示或数据输入,可以根据具体情况设置绘图的单位类型和数据精度。

执行 UNITS 命令,弹出"图形单位"对话框,单击【方向】按钮,弹出"方向控制"对话框,如图 2-18 所示。

图 2-18　"图形单位"对话框和"方向控制"对话框

2.6.3　系统变量

可以通过 AutoCAD 的系统变量控制 AutoCAD 的某些功能和工作环境。AutoCAD 的每一

个系统变量有其对应的数据类型,如整数、实数、字符串和开关类型等[开关类型变量有 On(开)或 Off(关)两个值,这两个值也可以分别用 1、0 表示]。如果允许更改的话,用户可以根据需要浏览、更改系统变量的值。

浏览、更改系统变量值的方法通常是:在命令窗口中,在"命令:"提示后输入系统变量的名称后按【Enter】键或【Space】键,AutoCAD 显示出系统变量的当前值,如果允许设置新值的话,此时用户可根据需要输入新值。

2.6.4　绘图窗口与文本窗口的切换

使用 AutoCAD 绘图时,有时需要切换到文本窗口,以观看相关的文字信息;而有时当执行某一命令后,AutoCAD 会自动切换到文本窗口,此时又需要再转换到绘图窗口。利用功能键【F2】可实现上述切换。

2.7　帮　　助

AutoCAD 2023 提供了强大的帮助功能,用户在绘图或开发过程中可以随时通过该功能得到相应的帮助。图 2-19 所示为 AutoCAD 2023 的【帮助】菜单。

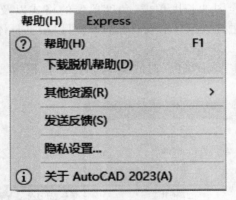

图 2-19　【帮助】菜单

选择【帮助】|【帮助】命令,打开"帮助"窗口,用户可以通过此窗口得到相关的帮助信息,或浏览 AutoCAD 2023 的全部命令与系统变量等。

练　习　题

1. AutoCAD 的命令输入方式有哪几种?
2. AutoCAD 的坐标输入方式有哪几种? 每种又可细分为哪些?
3. 如何在命令执行过程中执行透明命令?

第3章　常用绘制二维图形命令

📖 学习目的与要求

　　机械工程图样中的二维图形是由一些基本图形对象组成的。例如点、直线、圆、矩形、正多边形、样条曲线和图案填充等。基本图形对象是绘制复杂二维图形的基础。要求：

　　(1)根据图形特点,选用适当的绘图命令;

　　(2)掌握点、直线、圆、矩形、正多边形、样条曲线和图案填充等的创建方法;

　　(3)掌握常用绘图命令的执行方式和使用方法;

　　(4)熟练查询点坐标、两点之间距离和封闭图形面积等图形对象信息。

3.1　绘制直线、射线、构造线

1. 绘制直线

命令调用方式:

功 能 区:【默认】|【绘图】|【直线】

下拉菜单:【绘图】|【直线】

命 令 行:LINE(简写 L)

工 具 栏:【绘图】|"直线"

　　LINE 命令主要用于在两点之间绘制直线段。用户可以通过鼠标或输入点坐标值来决定线段的起点和端点。使用 LINE 命令,可以创建一系列连续的线段。当用 LINE 命令绘制线段时,AutoCAD 允许以该线段的端点为起点,绘制另一条线段,如此循环直到按【Enter】键或【Esc】键终止命令。

　　使用 LINE 命令,可以创建一系列连续的直线段。每条线段都是可以单独进行编辑的直线对象。

　　例 3.1　绘制图 3-1 所示的一组封闭直线段。

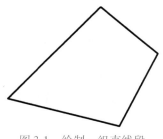

图 3-1　绘制一组直线段

操作步骤：

命令：L✓	//绘制直线命令
指定第一个点：40,80✓	//绝对坐标—直角坐标
指定下一点或［放弃(U)］:60,120✓	//绝对坐标—直角坐标
指定下一点或［放弃(U)］:@ -30,25✓	//相对坐标—直角坐标
指定下一点或［闭合(C)/放弃(U)］:@ 70<225✓	//相对坐标—极坐标
指定下一点或［闭合(C)/放弃(U)］:c✓	//闭合

在绘制直线过程中，会出现"［闭合(C)/放弃(U)］"命令选项。其中：

①闭合(C)：以第一条线段的起始点作为最后一条线段的端点，形成一个闭合的线段环。在绘制了一系列线段（两条或两条以上）之后，可以使用"闭合"选项。

②放弃(U)：删除直线序列中最近绘制的线段。多次输入 U 按绘制次序的逆序逐个删除线段。

2. 绘制射线

命令调用方式：

功 能 区：【默认】|【绘图】|【射线】

下拉菜单：【绘图】|【射线】

命 令 行：RAY

RAY 命令创建通常用作构造线的单向无限长直线。射线具有一个确定的起点并单向无限延伸。该线通常在绘图过程中作为辅助线使用。

3. 绘制构造线

命令调用方式：

功 能 区：【默认】|【绘图】|【构造线】

下拉菜单：【绘图】|【构造线】

命 令 行：XLINE（简写 XL）

工 具 栏：【绘图】|"构造线"✎

XLINE 命令用于绘制无限长直线，与射线一样，该线也通常在绘图过程中作为辅助线使用。可以使用无限延伸的线（如构造线）来创建构造和参考线，并且其可用于修剪边界。

在绘制构造线过程中，会出现提示"指定点或［水平(H)/垂直(V)/角度(A)/二等分(B)/偏移(O)］："，其中：

①指定点：将创建通过指定点的构造线。

②水平(H)：将创建平行于 X 轴的构造线。

③垂直(V)：将创建平行于 Y 轴的构造线。

④角度(A)：以指定的角度创建一条构造线。

⑤二等分(B)：创建一条参照线，它经过选定的角顶点，并且将选定的两条线之间的夹角平分。

⑥偏移(O)：创建平行于另一个对象的构造线。

例 3.2　如图 3-2 所示，任给两条相交直线，然后绘制其角平分线。

操作步骤：

命令：XL✓

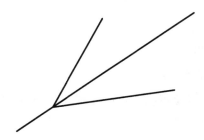

图 3-2　绘制角平分线

指定点或 [水平(H)／垂直(V)／角度(A)／二等分(B)／偏移(O)]:B↙

指定角的顶点:　　　　　　　　　　　　　　//选择顶点,也就是两条直线的交点

指定角的起点:　　　　　　　　　　　　　　//选择直线 1 上的任意一点

指定角的端点:　　　　　　　　　　　　　　//选择直线 2 上的任意一点

指定角的端点:↙　　　　　　　　　　　　　//退出

4. 绘制多段线

命令调用方式:

功 能 区:【默认】|【绘图】|【多段线】

下拉菜单:【绘图】|【多段线】

命 令 行:PLINE(简写 PL)

工 具 栏:【绘图】|"多段线"

　　PLINE 命令用于绘制多段线(多段直线段或弧段组成的图元),每段有其起点宽度和终点宽度,可用于绘制视图或剖视图中的箭头,常用于绘制斜视图上的旋转符号。

　　例3.3　绘制图 3-3 所示的箭头,箭头的宽度尺寸和长度尺寸如图 3-3(b)所示。

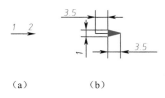

（a）　　　　　　（b）

图 3-3　绘制多段线

操作步骤:

命令:PLINE↙

指定起点:　　　　　　　//选择第一个点

当前线宽为 0.0000

指定下一个点或 [圆弧(A)／半宽(H)／长度(L)／放弃(U)／宽度(W)]:@3.5,0↙

指定下一点或 [圆弧(A)／闭合(C)／半宽(H)／长度(L)／放弃(U)／宽度(W)]:W↙

指定起点宽度 <0.0000 >:1↙

指定端点宽度 <1.0000 >:0↙

指定下一点或 [圆弧(A)／闭合(C)／半宽(H)／长度(L)／放弃(U)／宽度(W)]:@3.5,0↙

指定下一点或 [圆弧(A)／闭合(C)／半宽(H)／长度(L)／放弃(U)／宽度(W)]:↙　　　//退出

5. 绘制样条曲线

命令调用方式:

功 能 区:【默认】|【绘图】|【样条曲线】

下拉菜单:【绘图】|【样条曲线】

命 令 行:SPLINE(简写 SPL)

工 具 栏:【绘图】|"样条曲线"

SPLINE 命令用于创建通过或接近指定点的光滑曲线,常用于绘制波浪线。

例3.4　绘制图3-4 所示的波浪线。

图3-4　绘制样条曲线

操作步骤:

命令: SPLINE↵

当前设置: 方式 = 拟合　节点 = 弦

指定第一个点或 [方式(M)/节点(K)/对象(O)]:　　　　　　　　//选择第 1 点

输入下一个点或 [起点切向(T)/公差(L)]:　　　　　　　　//选择下一点,直到按 Enter
　　　　　　　　　　　　　　　　　　　　　　　　　　键或 Space 键结束

输入下一个点或 [端点相切(T)/公差(L)/放弃(U)]:　　　　　//选择下一点

输入下一个点或 [端点相切(T)/公差(L)/放弃(U)/闭合(C)]:　//选择下一点

输入下一个点或 [端点相切(T)/公差(L)/放弃(U)/闭合(C)]:↵　//退出

3.2　绘制圆、圆弧、圆环和椭圆

1. 绘制圆

命令调用方式:

功 能 区:【默认】|【绘图】|【圆】

下拉菜单:【绘图】|【圆】

命 令 行:CIRCLE(简写 C)

工 具 栏:【绘图】|"圆"

CIRCLE 命令用于绘制圆。在绘制圆的过程中,会出现提示"指定圆的圆心或 [三点(3P)/两点(2P)/切点、切点、半径(T)]:"其中:

①圆心:基于圆心和直径(或半径)绘制圆。

②三点(3P):基于圆周上的三点绘制圆。

③两点(2P):基于圆直径上的两个端点绘制圆。

④切点、切点、半径(T):基于指定半径和两个相切对象绘制圆。

注意:选择下拉菜单【绘图】|【圆】|【相切、相切、相切(A)】命令或单击功能区相应按钮,可绘制与三个对象相切的圆。另外,当圆显示为多边形时,在显示分辨率的默认状态下,选择菜单【视图】|【重生成】命令,即可显示为光滑的圆。

例3.5　绘制图3-5 所示的两个同心圆,大圆采用"圆心—半径"方式,小圆采用"圆心—直径"方式。

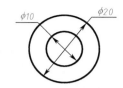

图 3-5　绘制两个同心圆

操作步骤：

命令：CIRCLE↙

指定圆的圆心或［三点(3P)/两点(2P)/切点、切点、半径(T)］：　//选择一点作为圆心

指定圆的半径或［直径(D)］<5.8976>：10↙　　　　　　　//半径方式

命令：CIRCLE↙

指定圆的圆心或［三点(3P)/两点(2P)/切点、切点、半径(T)］：　//捕捉大圆的圆心

指定圆的半径或［直径(D)］<10.0000>：D↙　　　　　　　//切换成直径方式

指定圆的直径<20.0000>：10↙　　　　　　　　　　　　//退出

　　例 3.6　已知直径为 20 和 40 的两个圆,绘制图 3-6 所示的直径为 30 的圆,且与已知两个圆相切。

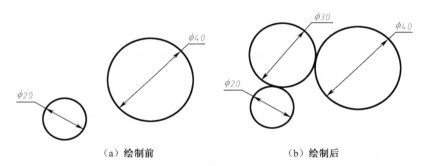

（a）绘制前　　　　　　　　　（b）绘制后

图 3-6　相切圆示例

操作步骤：

命令：CIRCLE↙

指定圆的圆心或［三点(3P)/两点(2P)/切点、切点、半径(T)］：T↙

指定对象与圆的第一个切点：　　　//捕捉靠近所画圆的一侧的直径为 20 的圆上一点

指定对象与圆的第二个切点：　　　//捕捉靠近所画圆的一侧的直径为 40 的圆上一点

指定圆的半径<20.0000>：15↙　　//退出(捕捉位置不同,可能会出现与另一侧相切的圆)

　　例 3.7　已知等边三角形,在其内绘制 6 个相同的圆,所有的圆相互之间相切或与三角形的边相切,如图 3-7 所示。

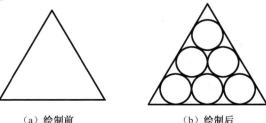

（a）绘制前　　　　　　　　　（b）绘制后

图 3-7　绘制六个相切圆

操作步骤:

命令:LINE✓

指定第一个点:　　　　　　　　　　　//捕捉三角形的顶点

指定下一点或 [放弃(U)]:　　　　　　//捕捉三角形的边的中点

指定下一点或 [放弃(U)]:　　　　　　//退出,可重复上述步骤,结果如图 3-8(b)所示

命令:CIRCLE✓

指定圆的圆心或 [三点(3P) /两点(2P)/切点、切点、半径(T)]:_3p 指定圆上的第一个点:_tan 到

　　　　　　　　　　　　　　　　　　//捕捉三角形高上的任意一点

指定圆上的第二个点:_tan 到　　　　//捕捉三角形另一条高上的任意一点

指定圆上的第三个点:_tan 到　　　　//捕捉三角形边上的任意一点,结果如图 3-8(c)所示,重复

上述画圆步骤,最终结果如图 3-8(f)所示,然后删除三条高,结果如图 3-7 所示

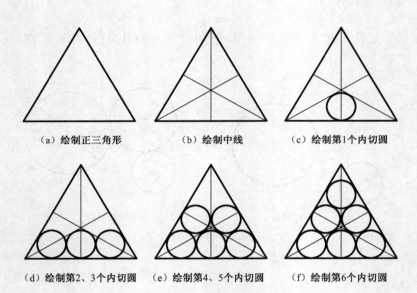

(a) 绘制正三角形　　　　　(b) 绘制中线　　　　　(c) 绘制第1个内切圆

(d) 绘制第2、3个内切圆　　(e) 绘制第4、5个内切圆　　(f) 绘制第6个内切圆

图 3-8　绘制六个相切圆的绘图步骤

2. 绘制圆弧

命令调用方式:

功　能　区:【默认】│【绘图】│【圆弧】

下拉菜单:【绘图】│【圆弧】

命　令　行:ARC(简写 A)

工　具　栏:【绘图】│"圆弧"

使用 AutoCAD 绘制圆弧的方法很多,共有 11 种(图 3-9),其主要由起点、方向、中点、包角、端点、弦长等参数来确定绘制的。

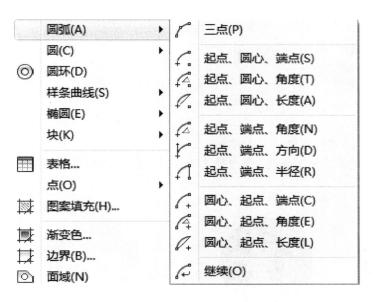

图 3-9　绘制圆弧的 11 种方法

例 3.8　已知端点 A 和圆心 O 的位置,绘制图 3-10 所示的 60° 的圆弧。

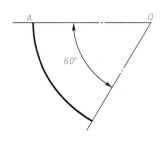

图 3-10　绘制圆弧

操作步骤:

命令:ARC↙

指定圆弧的起点或［圆心(C)］:　//拾取 A 点

指定圆弧的第二个点或［圆心(C)/端点(E)］:C↙

指定圆弧的圆心:　//捕捉 O 点

指定圆弧的端点或［角度(A)/弦长(L)］:a↙

指定包含角:60↙

3. 绘制圆环或实心圆

命令调用方式:

功 能 区:【默认】|【绘图】|【圆环】

下拉菜单:【绘图】|【圆环】

命 令 行:DONUT(简写 DO)

注意:在执行 DONUT 命令时,默认状态为 ON,若需确定填充输入模式处于 ON 或 OFF 状态,在命令行输入 FILL 命令,将显示如下提示信息。

输入模式［开(ON)/关(OFF)］＜开＞：　//模式设置为 ON,将以填充形式绘制圆环;否则,以不填充形式绘制圆环

例 3.9　绘制图 3-11 所示的圆环。

操作步骤:

命令:DONUT↙

指定圆环的内径 ＜0.5000＞:10↙

指定圆环的外径 ＜1.0000＞:15↙

指定圆环的中心点或 ＜退出＞:　//拾取一点

当输入模式处于 ON 状态时,若内径为 0,则绘制实心圆;若内径大于 0 时,则绘制实心圆环。

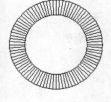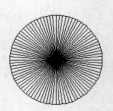

（a）FILL输入模式为"ON"状态　　　（b）FILL输入模式为"OFF"状态

图 3-11　绘制圆环和实心圆

4. 绘制椭圆及椭圆弧

命令调用方式:

功 能 区:【默认】|【绘图】|【椭圆】或【椭圆弧】

下拉菜单:【绘图】|【椭圆】

命 令 行:ELLIPSE(简写 EL)

工 具 栏:【绘图】|"椭圆"

ELLIPSE 命令用于绘制椭圆及椭圆弧。

例 3.10　已知椭圆长轴的两个端点 A、B,半短轴长 15,绘制图 3-12 所示的椭圆。

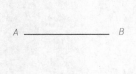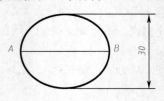

（a）绘制前　　　　　　　（b）绘制后

图 3-12　绘制椭圆

操作步骤:

命令:ELLIPSE↙

指定椭圆的轴端点或［圆弧(A)/中心点(C)］:　//拾取 A 点

指定轴的另一个端点://拾取 B 点

指定另一条半轴长度或［旋转(R)］:15↙

3.3　绘制矩形和正多边形

1. 绘制矩形

命令调用方式：

功 能 区：【默认】│【绘图】│【矩形】

下拉菜单：【绘图】│【矩形】

命 令 行：RECTANG(简写 REC)

工 具 栏：【绘图】│"矩形"

RECTANG 命令以指定两个对角点的方式绘制矩形(包括绘制带有倒角或圆角的矩形)，当两角点形成的边相同时则生成正方形。

例 3.11　绘制图 3-13 所示的矩形。

（a）矩形　　　　　　　　　（b）倒角矩形　　　　　　　　（c）圆角矩形

图 3-13　绘制矩形

操作步骤：

（1）矩形

命令：RECTANG↙

指定第一个角点或［倒角(C)／标高(E)／圆角(F)／厚度(T)／宽度(W)］：//拾取左下角点

指定另一个角点或［面积(A)／尺寸(D)／旋转(R)］：@ 40,30↙　　//拾取右上角点,如图 3-13(a)所示

（2）倒角矩形

命令：RECTANG↙

指定第一个角点或［倒角(C)／标高(E)／圆角(F)／厚度(T)／宽度(W)］：C↙

指定矩形的第一个倒角距离 <0.0000>：8↙

指定矩形的第二个倒角距离 <8.0000>：6↙

指定第一个角点或［倒角(C)／标高(E)／圆角(F)／厚度(T)／宽度(W)］：//拾取左下角点

指定另一个角点或［面积(A)／尺寸(D)／旋转(R)］：@ 40,30↙　　//拾取右上角点,如图 3-13(b)所示

（3）圆角矩形

命令：RECTANG↙

当前矩形模式：　倒角 =8.0000 x 6.0000

指定第一个角点或［倒角(C)／标高(E)／圆角(F)／厚度(T)／宽度(W)］：F↙

指定矩形的圆角半径 <8.0000>：6↙

指定第一个角点或［倒角(C)／标高(E)／圆角(F)／厚度(T)／宽度(W)］：　//拾取左下角点

指定另一个角点或［面积(A)／尺寸(D)／旋转(R)］：@ 40,30↙　　//拾取右上角点,如图 3-13(c)所示

2. 绘制正多边形

命令调用方式：

功　能　区:【默认】|【绘图】|【正多边形】
下拉菜单:【绘图】|【正多边形】
命　令　行:POLYGON(简写 POL)
工　具　栏:【绘图】|"正多边形"⬠

POLYGON 命令可以绘制由 3~1 024 条边组成的正多边形。

在绘制正多边形过程中,会出现提示"输入选项［内接于圆(I)/外切于圆(C)］<I>:",其中:

①内接于圆(I):指定正多边形外接圆的半径,即从正多边形中心到各边顶点的距离。

②外切于圆(C):指定正多边形内切圆的半径,即从正多边形中心到各边中点的距离。

注意:因为正多边形实际上是多段线,所以不能用"圆心"捕捉方式来捕捉一个已存在的多边形的中心。

例 3.12　绘制图 3-14 所示的正六边形。

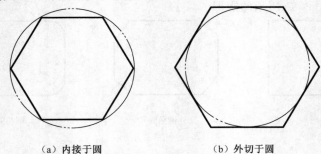

（a）内接于圆　　　　　　　（b）外切于圆
图 3-14　绘制正六边形

操作步骤:
（1）内接于圆
命令:POLYGON↙
输入侧面数 <4>:6↙
指定正多边形的中心点或［边(E)］:　　　　　　　　　　//拾取一点
输入选项［内接于圆(I)/外切于圆(C)］<I>:↙
指定圆的半径:10↙　　　　　　　　　　　　　　　//如图 3-14(a)所示
（2）外切于圆
命令:POLYGON↙
输入侧面数 <6>:↙
指定正多边形的中心点或［边(E)］:　　　　　　　　　　//拾取一点
输入选项［内接于圆(I)/外切于圆(C)］<I>:C↙
指定圆的半径:10↙　　　　　　　　　　　　　　　//如图 3-14(b)所示

3.4　绘　制　点

点作为组成图形实体部分之一,具有各种实体属性,且可以被编辑。

1. 设置点样式
命令调用方式:

功　能　区:【默认】|【实用工具】|【点样式】

下拉菜单:【格式】|【点样式】

命　令　行:DDPTYPE

执行 DDPTYPE 命令后,弹出如图 3-15 所示的"点样式"对话框。其中,在"点大小"文本框中输入点的大小。

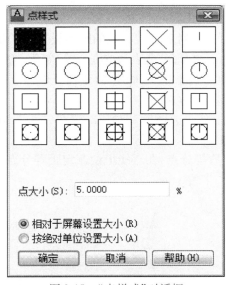

图 3-15　"点样式"对话框

①相对于屏幕设置大小(R):用于按屏幕尺寸的百分比设置点的显示大小。当进行缩放时,点的显示大小并不改变。

②按绝对单位设置大小(A):用于按"点大小"下指定的实际单位设置点显示的大小。当进行缩放时,AutoCAD 显示的点的大小随之改变。

2. 绘制点

命令调用方式:

功　能　区:【默认】|【绘图】|【多点】

下拉菜单:【绘图】|【点】|【单点】/【多点】

命　令　行:POINT(简写 PO)/MULTIPLE POINT

工　具　栏:【绘图】|"点"∴

单点:执行一次命令只画一个点后便结束命令。

多点:执行一次命令连续画多个点,直至按【Esc】键结束命令。

3. 绘制等分点

命令调用方式:

功　能　区:【默认】|【绘图】|【定数等分】

下拉菜单:【绘图】|【点】|【定数等分】

命　令　行:DIVIDE(简写 DIV)

DIVIDE 命令是在某一图形上以等分长度设置点或块。被等分的对象可以是直线、圆、圆弧、多段线等,等分数目由用户指定。

4. 绘制定距点

命令调用方式:

功 能 区:【默认】|【绘图】|【定距等分】

下拉菜单:【绘图】|【点】|【定距等分】

命 令 行:MEASURE(简写 ME)

MEASURE 命令用于在所选择对象上用给定的距离设置点。实际上是提供了一个测量图形长度,并按指定距离标上标记的命令,或者说它是一个等距绘图命令,与 DIVIDE 命令相比,后者是以给定数目等分所选实体,而 MEASURE 命令则是以指定的距离在所选实体上插入点或块,直到余下部分不足一个间距为止。

注意:进行定距等分时,注意在选择等分对象时应单击被等分对象的等分起点附近的位置。单击位置不同,结果可能不同。

例 3.13   在圆上绘制定数等分点,在直线上绘制定距等分点,如图 3-16 所示。

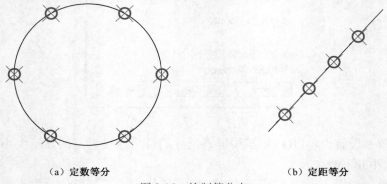

（a）定数等分   （b）定距等分

图 3-16   绘制等分点

操作步骤:

命令:DDPTYPE↙   //执行此命令后设置相应的点样式

命令:DIVIDE↙

选择要定数等分的对象: //拾取大圆

输入线段数目或［块(B)]:6↙   //如图 3-16(a)所示

命令:MEASURE↙

选择要定距等分的对象: //拾取直线右上部

指定线段长度或［块(B)]:5↙   //如图 3-16(b)所示

3.5   绘制图案填充

用户经常要重复绘制某些图案以填充图形中的一个区域,从而表达该区域的特征,这样的填充操作在 AutoCAD 中称为图案填充。图案填充是一种使用指定线条图案来充满指定区域的图形对象,常常用于表达剖切面和不同类型物体对象的外观纹理等,被广泛应用在绘制机械图、建筑图、地质构造图等各类图形中。例如,在机械工程图中,图案填充用于表达一个剖切的区域,有时使用不同的图案填充来表达不同的零部件或者材料。

1. 基本概念

（1）图案边界

当进行图案填充时,首先要确定填充图案的边界。定义边界的对象只能是直线、构造线、射线、多段线、样条曲线、圆、圆弧、椭圆、椭圆弧、面域等对象或用这些对象定义的块,而且作为边界的对象在当前屏幕上必须全部可见。

（2）孤岛

在进行图案填充时,把内部闭合边界称为孤岛。在用 BHATCH 命令填充时,AutoCAD 允许用户以拾取点的方式确定填充边界,即在希望填充的区域内任意拾取一点,AutoCAD 会自动确定出填充边界,同时也确定该边界内的孤岛。如果用户是用选择对象的方式确定填充边界的,则必须确切地拾取这些孤岛。

2. 创建图案填充

命令调用方式:

功 能 区:【默认】|【绘图】|【图案填充】

下拉菜单:【绘图】|【图案填充】

命 令 行:BHATCH(简写 BH 或 H)

工 具 栏:【绘图】|"图案填充"▨

执行命令后,系统切换到如图 3-17 所示的"图案填充创建"选项卡。用户可以设置图案填充的类型和图案、角度、比例等内容。

图 3-17　"图案填充创建"选项卡

注意:以普通方式填充时,如果填充边界内有诸如文字、属性这样的特殊对象,且在选择填充边界时也选择了它们,填充时图案填充在这些对象处会自动断开,就像用一个比它们略大的看不见的框保护起来一样,以使这些对象更加清晰。

3. 编辑图案填充

命令调用方式:

功 能 区:【默认】|【修改】|【编辑图案填充】

下拉菜单:【修改】|【对象】|【图案填充】

命 令 行:HATCHEDIT(简写 HE)

工 具 栏:【修改 II】|"图案填充"▨

注意:通常双击要编辑的填充图案可快速执行 HATCHEDIT 命令,弹出对话框,以便对图案填充进行修改。

例 3.14　创建图 3-18 所示的图案填充。

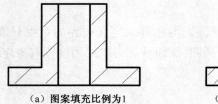

（a）图案填充比例为1　　　　　　（b）图案填充比例为0.5

图 3-18　创建图案填充

操作步骤:

命令:BHATCH↙

①执行命令后,弹出"图案填充和渐变色"对话框。

②在"图案填充"选项卡的"图案"下拉列表框中选择图案名称为 ANSI31 或单击其后的按钮▦选择图案。

③在其选项卡中单击【拾取点】按钮▣,进入绘图区域,在要填充剖面线的两个封闭区域内单击,按【Space】键或右击,选择【确定】命令,返回到"图案填充和渐变色"对话框,单击【确定】按钮,完成图案填充,设置效果如图 3-18(a)所示。

④双击已填充图案,弹出"图案填充"对话框,将"比例"文本框中的数值由 1 修改为 0.5;或选择填充图案后右击,选择【图案填充编辑】命令,弹出"图案填充编辑"对话框中,将"比例"文本框中的数值由 1 修改为 0.5,设置效果如图 3-18(b)所示。

4. 控制图案填充的可见性

图案填充的可见性是可以控制的。可以用两种方法来控制图案填充的可见性,一种是利用命令 FILL 或系统变量 FILLMODE 来实现,另一种是利用图层来实现。

(1)使用 FILL 命令和 FILLMODE 系统变量

命令调用方式:

命　令　行:FILL

如果将模式设置为"开",则可以显示图案填充;如果将模式设置为"关",则不显示图案填充。

用户也可以使用系统变量 FILLMODE 控制图案填充的可见性。

命　令　行:FILLMODE

其中,当系统变量 FILLMODE 为 0 时,隐藏图案填充;当系统变量 FILLMODE 为 1 时,显示图案填充。

注意:在使用 FILL 命令设置填充模式后,须选择菜单【视图】|【重生成】命令,重新生成图形以观察效果。

(2)用图层控制

对于能够熟练使用 AutoCAD 的用户来说,应该充分利用图层功能,将图案填充单独放在一个图层上。当不需要显示该图案填充时,将图案所在层关闭或者冻结即可。使用图层控制图案填充的可见性时,不同的控制方式会使图案填充与其边界的关联关系发生变化,其特点如下:

①当图案填充所在的图层被关闭后,图案与其边界仍保持着关联关系。即修改边界后,填充图案会根据新的边界自动调整位置。

②当图案填充所在的图层被冻结后,图案与其边界脱离关联关系。即边界修改后,填充图案不会根据新的边界自动调整位置。

③当图案填充所在的图层被锁定后,图案与其边界脱离关联关系。即边界修改后,填充图案不会根据新的边界自动调整位置。

3.6 面　　域

面域是封闭区域所形成的二维实体对象,可以看成一个平面实体区域。虽然从外观来说,面域和一般的封闭线框没有区别,但实际上面域就像是一张没有厚度的纸,除了包括边界,还包括边界内的平面。

面域是平面实体区域,具有物理性质(如面积、质心、惯性矩等),用户可以利用这些信息计算工程属性。在 AutoCAD 中,用户可以将由某些对象围成的封闭区域转换为面域,这些封闭区域可以是圆、椭圆、封闭的二维多段线和封闭的样条曲线等对象,也可以是由圆弧、直线、二维多段线、椭圆弧、样条曲线等对象构成的封闭区域。面域可用于填充和着色,使用MASSPROP 分析特性(如面积)提取设计信息。

1. 将图形转化成面域

命令调用方式:

功 能 区:【默认】|【绘图】|【面域】

下拉菜单:【绘图】|【面域】

命 令 行:REGION(简写 REG)

工 具 栏:【绘图】|“面域” 🖸

注意:REGION 命令只能创建面域,并且要求构成面域边界的线条必须首尾相连,不能相交。圆、多边形等封闭图形属于线框造型,而面域属于实体模型,因此它们在选中时表现的形式也不相同。

例 3.15　创建图 3-19 所示的 5 个面域。

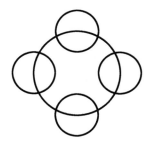

图 3-19　创建 5 个面域

操作步骤:

命令:REGION↙

选择对象:　　　//拾取 4 个小圆和 1 个大圆

选择对象:↙　　//结束命令

2. 创建面域

命令调用方式:

功 能 区:【默认】|【绘图】|【边界】

下拉菜单:【绘图】|【边界】

命 令 行:BOUNDARY

指定的每个点用于标识周围的对象并创建单独的区域或多段线。

注意:BOUNDARY 命令不仅可以创建面域还可以创建边界,允许构成封闭边界的线条相交。创建面域时,如果系统变量 DELOBJ 的值为 1,AutoCAD 在定义了面域后将删除原始对象;如果系统变量 DELOBJ 的值为 0,则不删除原始对象。

3. 从面域中提取数据

面域对象除了具有一般图形对象的属性外,还有作为实体对象所具备的一个重要的属性——质量特性。

命令调用方式:

功 能 区:【默认】|【实用工具】|【测量】

下拉菜单:【工具】|【查询】|【面域/质量特性】

命 令 行:MASSPROP

执行 MASSPROP 命令后,系统将自动切换到【AutoCAD 文本窗口】,并从中显示选择的面域对象的质量特性。

4. 面域的布尔运算

常用并运算、差运算和交运算对面域进行布尔运算。

(1)并运算

命令调用方式:

功 能 区:【实体】|【布尔值】|【并集】

下拉菜单:【修改】|【实体编辑】|【并集】

命 令 行:UNION(简写 UNI)

工 具 栏:【实体编辑】|"并集"

(2)差运算

命令调用方式:

功 能 区:【实体】|【布尔值】|【差集】

下拉菜单:【修改】|【实体编辑】|【差集】

命 令 行:SUBTRACT(简写 SU)

工 具 栏:【实体编辑】|"差集"

(3)交运算

命令调用方式:

功 能 区:【实体】|【布尔值】|【交集】

下拉菜单:【修改】|【实体编辑】|【交集】

命 令 行:INTERSECT(简写 IN)

工 具 栏:【实体编辑】|"交集"

例 3.16　对图 3-19 所示的 5 个面域分别进行并运算、差运算和交运算。

操作步骤:

(1)并运算

命令:UNION↙

选择对象:　　　　　　　　　　　　　　　//拾取 4 个小圆和 1 个大圆

选择对象:↙　　　　　　　　　　　　　　//结束命令,结果如图 3-20(a)所示

(2)差运算

命令:SUBTRACT↙

选择要从中减去的实体、曲面和面域 ...

选择对象:　　　　　　　　　　　　　　　//拾取 1 个大圆

选择对象:↙

选择要减去的实体、曲面和面域 ...

选择对象:　　　　　　　　　　　　　　　//拾取 4 个小圆

选择对象:↙　　　　　　　　　　　　　　//结束命令,结果如图 3-20(b)所示

(3)交运算

命令:INTERSECT↙

选择对象:　　　　　　　　　　　　　　　//拾取 1 个大圆

选择对象:　　　　　　　　　　　　　　　//拾取 1 个小圆

选择对象:↙　　　　　　　　　　　　　　//结束命令,结果如图 3-20(c)所示

　　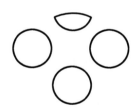

　　(a)并运算　　　　　　　　(b)差运算　　　　　　　(c)交运算

图 3-20　面域的布尔运算

3.7　查　　询

在 AutoCAD 绘图中,查询是重要的辅助工具。例如,查看图形文件中点坐标、两点距离、圆或圆弧的半径、两条直线的夹角、图形面积、绘图时间和工作状态等信息,可帮助读图和检查图形。

1. 点坐标

利用查询点坐标功能,可获得图形中任意一点的坐标,即 X、Y 和 Z 值。查询获得的点坐标是参照当前 UCS 坐标原点(0,0,0)的坐标值。

命令调用方式：

功 能 区：【默认】|【实用工具】|【点坐标】

下拉菜单：【工具】|【查询】|【点坐标】

命 令 行：ID

工 具 栏：【查询】|"点坐标"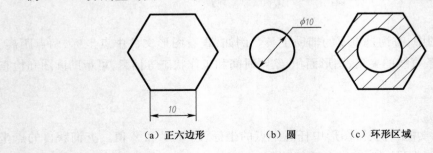

2. 距离

利用查询距离功能,可获得图形中任意两点之间的距离。

命令调用方式：

功 能 区：【默认】|【实用工具】|【测量】|【距离】

下拉菜单：【工具】|【查询】|【距离】

命 令 行：DIST(简写 DI)

工 具 栏：【查询】|"距离"

3. 面积和周长

利用查询面积功能,可获得一个封闭区域(或图形)的面积和周长。

命令调用方式：

功 能 区：【默认】|【实用工具】|【测量】|【面积】

下拉菜单：【工具】|【查询】|【面积】

命 令 行：AREA(简写 AA)

工 具 栏：【查询】|"面积"

4. 体积

利用查询体积功能,可以获得一个实体的体积。

命令调用方式：

功 能 区：【默认】|【实用工具】|【测量】|【体积】

下拉菜单：【工具】|【查询】|【体积】

命 令 行：VOLUME(简写 VO)

工 具 栏：【查询】|"体积"

例 3.17　分别查询图 3-21 中三个图形的面积,其中图 3-21(c)为填充部分的面积。

（a）正六边形　　　　（b）圆　　　　（c）环形区域

图 3-21　待查面积图形

操作步骤：

（1）正六边形

命令：AREA↙

指定第一个角点或［对象(O)/增加面积(A)/减少面积(S)/退出(X)］＜对象(O)＞:O↙

选择对象： 　　　　　　　　　　//拾取正六边形

区域 = 259.8076,周长 = 60.0000 　　//显示图 3-21(a)所示正六边形的面积和周长

（2）圆

命令：AREA↙

指定第一个角点或［对象(O)/增加面积(A)/减少面积(S)/退出(X)］＜对象(O)＞:O↙

选择对象： 　　　　　　　　　　//拾取圆

区域 = 78.5398,圆周长 = 31.4159 　　//显示图 3-21(b)所示圆的面积和周长

（3）环形区域

命令：AREA↙

指定第一个角点或［对象(O)/增加面积(A)/减少面积(S)/退出(X)］＜对象(O)＞:A↙　//"加"模式

指定第一个角点或［对象(O)/减少面积(S)/退出(X)］:O↙

（"加"模式）选择对象： 　　　　　　//拾取正六边形

区域 = 259.8076,周长 = 60.0000 　　//显示正六边形的面积和周长

总面积 = 259.8076

指定第一个角点或［对象(O)/减少面积(S)/退出(X)］:S↙　//"减"模式

指定第一个角点或［对象(O)/增加面积(A)/退出(X)］:O↙

（"减"模式）选择对象： 　　　　　　//拾取圆

区域 = 78.5398,圆周长 = 31.4159 　　//显示圆的面积和周长

总面积 = 181.2678 　　　　　　　　//显示图 3-21(c)所示填充部分的面积

指定第一个角点或［对象(O)/增加面积(A)/退出(X)］:X↙　//退出查询

3.8　实 例 分 析

例 3.18　绘制图 3-22 所示的图形。

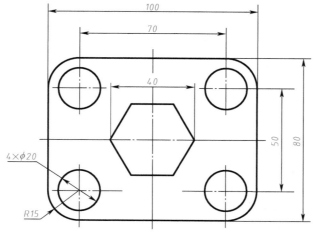

图 3-22　绘制图形

操作步骤：

(1)绘制中心线

命令：LINE↙

指定第一个点：20,100↙

指定下一点或 [放弃(U)]:@ 110,0↙

指定下一点或 [放弃(U)]: ↙

命令:LINE↙

指定第一个点:75,55↙

指定下一点或 [放弃(U)]:@ 0,90↙

指定下一点或 [放弃(U)]: ↙

命令:LINE↙

指定第一个点:27,125↙

指定下一点或 [放弃(U)]:@ 26,0↙

指定下一点或 [放弃(U)]: ↙

命令:LINE↙

指定第一个点:40,112↙

指定下一点或 [放弃(U)]:@ 0,26↙

指定下一点或 [放弃(U)]: ↙

命令:LINE↙

指定第一个点: 97,125↙

指定下一点或 [放弃(U)]:@ 26,0↙

指定下一点或 [放弃(U)]: ↙

命令:LINE↙

指定第一个点:110,112↙

指定下一点或 [放弃(U)]:@ 0,26↙

指定下一点或 [放弃(U)]: ↙

命令:LINE↙

指定第一个点:27,75↙

指定下一点或 [放弃(U)]:@ 26,0↙

指定下一点或 [放弃(U)]: ↙

命令: LINE↙

指定第一个点:40,62↙

指定下一点或 [放弃(U)]:@ 0,26↙

指定下一点或 [放弃(U)]: ↙

命令:LINE↙

指定第一个点:97,75↙

指定下一点或 [放弃(U)]:@ 26,0↙

指定下一点或 [放弃(U)]: ↙

命令:LINE↙

指定第一个点:110,62↙

指定下一点或 [放弃(U)]:@ 0,26↙

指定下一点或 [放弃(U)]: ↙   //如图 3-23(a)所示

(2)绘制带圆角的矩形

命令:RECTANG↙

指定第一个角点或［倒角(C)/标高(E)/圆角(F)/厚度(T)/宽度(W)］:F↙
指定矩形的圆角半径 ＜0.0000＞:15↙
指定第一个角点或［倒角(C)/标高(E)/圆角(F)/厚度(T)/宽度(W)］:25,140↙
指定另一个角点或［面积(A)/尺寸(D)/旋转(R)］:@100,-80↙　　　　　//如图3-23(b)所示

（3）绘制四个小圆

命令:CIRCLE↙
指定圆的圆心或［三点(3P)/两点(2P)/切点、切点、半径(T)］:40,125↙
指定圆的半径或［直径(D)］＜15.0000＞:10↙
命令:CIRCLE↙
指定圆的圆心或［三点(3P)/两点(2P)/切点、切点、半径(T)］:110,125↙
指定圆的半径或［直径(D)］＜10.0000＞:↙
命令:CIRCLE↙
指定圆的圆心或［三点(3P)/两点(2P)/切点、切点、半径(T)］:40,75↙
指定圆的半径或［直径(D)］＜10.0000＞:↙
命令:CIRCLE↙
指定圆的圆心或［三点(3P)/两点(2P)/切点、切点、半径(T)］:110,75↙
指定圆的半径或［直径(D)］＜10.0000＞:↙　　　　　//如图3-23(c)所示

（4）绘制正六边形

命令：POLYGON↙
输入侧面数 ＜4＞: 6↙
指定正多边形的中心点或［边(E)］:75,100↙
输入选项［内接于圆(I)/外切于圆(C)］＜I＞:↙
指定圆的半径:20↙　　　　　//如图3-23(d)所示

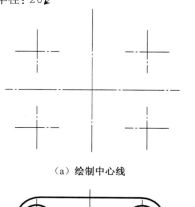

（a）绘制中心线

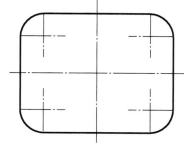

（b）绘制带圆角的矩形

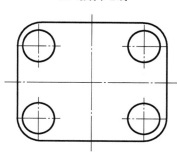

（c）绘制四个小圆

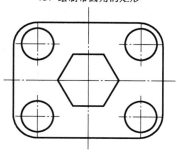

（d）绘制正六边形

图 3-23　绘制图形步骤

例 3.19 绘制图 3-24 所示的图形。

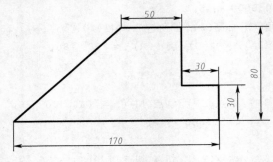

图 3-24 平面图形实例

操作步骤：

命令：LINE↙

指定第一个点：   //拾取任意一点

指定下一点或 [放弃(U)]：@ 170,0↙   //如图 3-25(a)所示

指定下一点或 [放弃(U)]：@ 0,30↙   //如图 3-25(b)所示

指定下一点或 [闭合(C)/放弃(U)]：@ -30,0↙   //如图 3-25(c)所示

指定下一点或 [闭合(C)/放弃(U)]：@ 0,50↙   //如图 3-25(d)所示

指定下一点或 [闭合(C)/放弃(U)]：@ -50,0↙   //如图 3-25(e)所示

指定下一点或 [闭合(C)/放弃(U)]：c↙   //如图 3-25(f)所示

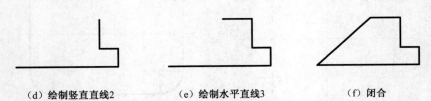

（a）绘制水平直线1   （b）绘制竖直线1   （c）绘制水平直线2

（d）绘制竖直直线2   （e）绘制水平直线3   （f）闭合

图 3-25 平面图形绘制步骤

例 3.20 绘制图 3-26 所示的图形。

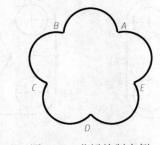

图 3-26 花瓣绘制实例

操作步骤：

命令：ARC✓

指定圆弧的起点或［圆心(C)］：200,100✓　　　　　　　　//拾取 A 点

指定圆弧的第二个点或［圆心(C)/端点(E)］:E✓

指定圆弧的端点：@ 80 <180✓

指定圆弧的圆心或［角度(A)/方向(D)/半径(R)］:R✓

指定圆弧的半径:40✓　　　　　　　　　　　　　　　　//如图 3-27(a)所示

命令：ARC✓

指定圆弧的起点或［圆心(C)］：　　　　　　　　　　//捕捉 B 点

指定圆弧的第二个点或［圆心(C)/端点(E)］:E✓

指定圆弧的端点：@ 80 <252✓　　　　　　　　　　//360/5 +180

指定圆弧的圆心或［角度(A)/方向(D)/半径(R)］:A✓

指定包含角:180✓　　　　　　　　　　　　　　　　//如图 3-27(b)所示

命令：ARC✓

指定圆弧的起点或［圆心(C)］：　　　　　　　　　　//捕捉 C 点

指定圆弧的第二个点或［圆心(C)/端点(E)］:C✓

指定圆弧的圆心：@ 40 <324✓　　　　　　　　　　//(360/5)×2 +180

指定圆弧的端点或［角度(A)/弦长(L)］:A✓

指定包含角:180✓　　　　　　　　　　　　　　　　//如图 3-27(c)所示

命令：ARC✓

指定圆弧的起点或［圆心(C)］：　　　　　　　　　　//捕捉 D 点

指定圆弧的第二个点或［圆心(C)/端点(E)］:C✓

指定圆弧的圆心：@ 40 <36✓　　　　　　　　　　　//(360/5)/2

指定圆弧的端点或［角度(A)/弦长(L)］:L✓

指定弦长:80✓　　　　　　　　　　　　　　　　　//如图 3-27(d)所示

　　（a）绘制第1个花瓣　　　　　　（b）绘制第2个花瓣　　　　　　（c）绘制第3个花瓣

　　　　（d）绘制第4个花瓣　　　　　（e）绘制第5个花瓣

图 3-27　花瓣绘制步骤

命令：ARC↙

指定圆弧的起点或［圆心(C)］：   //捕捉 E 点

指定圆弧的第二个点或［圆心(C)／端点(E)］：E↙

指定圆弧的端点：   //捕捉 A 点

指定圆弧的圆心或［角度(A)／方向(D)／半径(R)］：D↙

指定圆弧的起点切向：@ 20 <18↙   //(360／5)／4,如图 3-27(e)所示

练 习 题

1. 绘制图 3-28 所示的图形。

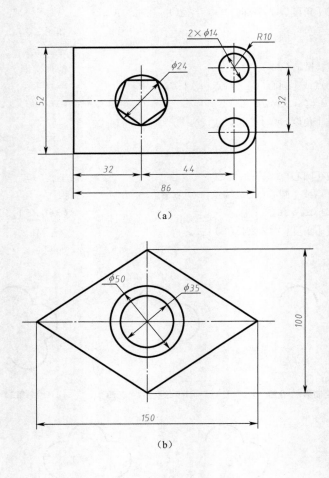

(a)

(b)

图 3-28   绘制两个图形

2. 绘制图 3-29 所示的图形,绘制步骤如图 3-30 所示。

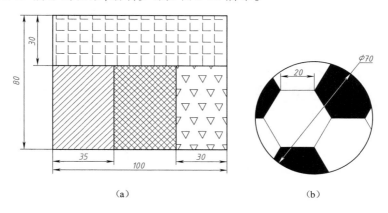

(a)   (b)

图 3-29 绘制图形

操作提示:

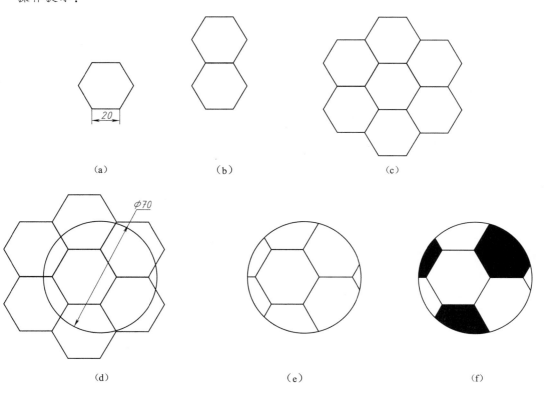

(a)   (b)   (c)

(d)   (e)   (f)

图 3-30 操作提示

3. 绘制图 3-31 所示的图形。

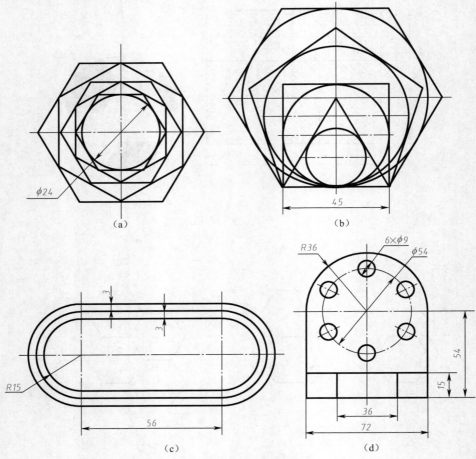

图 3-31　绘制四个图形

4. 绘制图 3-32 所示的图形,并查询图形信息:(1)查询 A、B 两个交点的坐标值;(2)查询 A、B 之间的距离;(3)查询正五边形和椭圆各自的面积;(4)查询正五边形和椭圆的并集面积;(5)查询正五边形和椭圆的交集面积。

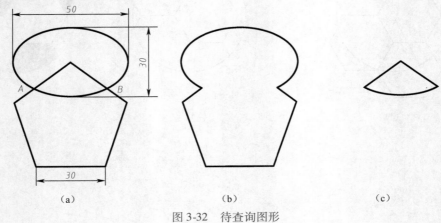

图 3-32　待查询图形

第4章 常用图形的编辑方法

📖 学习目的与要求

使用 AutoCAD 绘制图样时,对于复杂的图形,仅使用基本的二维绘图命令及绘图工具是远远不够的,在计算机绘图中,快速绘图的关键之一在于编辑工作,即通过 AutoCAD 的编辑对象功能来提高绘图的效率。

本章将具体介绍编辑对象的方法,包括删除、复制、镜像、偏移、阵列、移动、旋转、缩放、拉伸、修剪、延伸、打断、倒角、圆角、分解和合并等编辑方法。要求:

(1)根据图形的特点,选择适当的编辑方法;

(2)掌握选择对象、常用编辑命令的执行方式和使用方法。

4.1 选择对象的方式

选择对象的方式有多种,包括直接选择对象的方式和快速选择对象的方式。直接选择对象是指用鼠标直接在屏幕上选择对象,包括点选方式、窗口选择方式和窗交选择方式。

1. 点选方式

在"命令:"提示下,在 AutoCAD 绘图区域的光标形状为十字形状时,若将拾取框移动到被选择对象上并单击,则该对象被选择。可用点选方式连续选择多个对象。对于误选的对象,可通过按住【Shift】键并再次选择对象将其从当前选择集中排除。

2. 矩形窗口选择方式

用鼠标指定矩形的两个对角点确定一个矩形窗口作为选择框来选择对象,包括窗口框选方式和窗口框交方式。

窗口框选方式:从左到右拖动鼠标指定矩形选择框,完全在窗口内部的对象被选择,如图 4-1 所示。

窗口框交方式:从右到左拖动鼠标指定矩形选择框,在窗口内或与矩形边界相交的对象被选择,如图 4-2 所示。

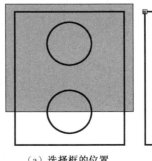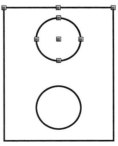

（a）选择框的位置　　　　（b）选择结果

图 4-1　从"左向右"拉选择框选择对象

3. 不规则窗口选择方式

用鼠标指定一个不规则窗口作为选择框来选择对象，包括圈围方式和圈交方式。

圈围方式：在"选择对象："提示下，在命令行中输入"WP"，按"↙"，然后指定不规则窗口的各顶点，最后按【Enter】键或【Space】键确认。不规则窗口显示为实线，完全在不规则窗口中的对象将会被选中，如图 4-3 所示。

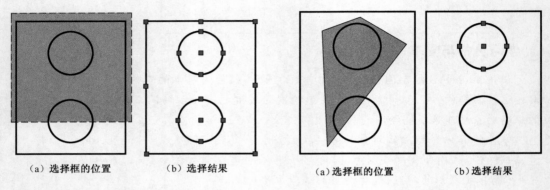

（a）选择框的位置　　（b）选择结果　　　　　　　　（a）选择框的位置　　　　（b）选择结果

图 4-2　从"右向左"拉选择框选择对象　　　　图 4-3　利用圈围方式选择对象

圈交方式：在"选择对象："提示下，在命令行中输入"CP"，按"↙"，然后指定不规则窗口的各顶点，最后按【Enter】键或【Space】键确认。不规则窗口显示为虚线，只要对象有部分在不规则窗口内，对象就会被选中，如图 4-4 所示。

不规则窗口的形状可以是任意的多边形形状，但自身不能相交。如果给定的多边形不封闭，系统将自动将其封闭。

4. 栅栏选择方式

在"选择对象："提示下，在命令行中输入"F"，按"↙"，然后指定各个栏选点，最后按【Enter】键或【Space】键确认，则所有与各栏选点顺次相连的连线相接触的对象均会被选中，如图 4-5 所示。

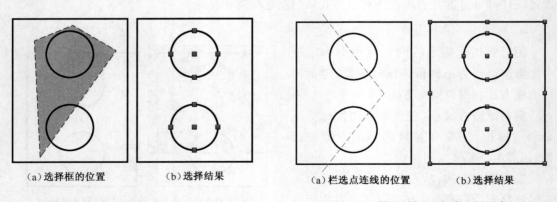

（a）选择框的位置　　　（b）选择结果　　　　　　（a）栏选点连线的位置　　　（b）选择结果

图 4-4　利用圈交方式选择对象　　　　　图 4-5　利用"栏选"方式选择对象

5. 快速选择

在 AutoCAD 中,当用户需要选择具有某些共同特性的对象时,可利用"快速选择"对话框(图 4-6),在其中根据对象的图层、线型、颜色、图案填充等特性和类型,创建选择集。

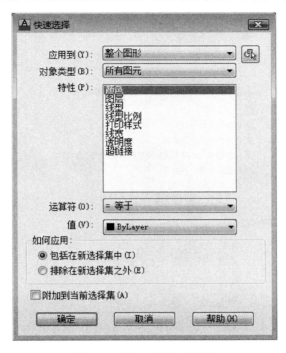

图 4-6　"快速选择"对话框

命令调用方式:

命令:QSELECT

菜单:【工具】│【快速选择】

注意:只有在选择了"如何应用"选项组中的"包括在新选择集中"单选按钮,并且"附加到当前选择集"复选框未被选中时,【选择对象】按钮才可用。

4.2　使用夹点编辑图形

夹点就是对象上的控制点,也是特征点。选择对象时,在对象上将显示出若干个小方框,这些小方框用来标记被选中对象的夹点。可以拖动夹点执行拉伸、移动、旋转、缩放或镜像操作。选择执行的编辑操作称为夹点模式。

1. 控制夹点显示

默认情况下,夹点始终是打开的。用户可以通过选择【工具】│【选项】命令或在绘图区右击,在弹出的快捷菜单中选择【选项】命令,弹出"选项"对话框,在"选择集"选项卡的"夹点"选项组中选中"显示夹点"复选框,如图 4-7 所示。在该选项卡中设置夹点的显示,还可以设置代表夹点的小方格的尺寸和颜色。对不同的对象来说,用来控制其特征的夹点的位置和数量也不同。

也可以通过 GRIPS 系统变量控制是否打开夹点功能，1 代表打开，0 代表关闭。
注意：锁定图层上的对象不显示夹点；要在执行操作时取消夹点，按【Esc】键。

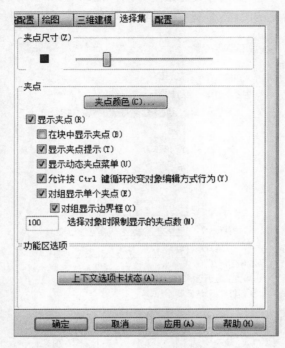

图 4-7 "选项"对话框的"选择集"选项卡

利用夹点进行编辑操作时，选择的对象不同，在对象上显示出的夹点数量和位置也不同。表 4-1 列举了 AutoCAD 中常见对象的夹点特征。

表 4-1 AutoCAD 2023 中常见对象的夹点特征

对象类型	特征点及其位置
直线段	两个端点和中点
射线	起点和射线上的一个点
多段线	直线段的两端点、圆弧的中点和两端点
样条曲线	拟合点和控制点
构造线	控制点和线上邻近两点
多线	控制线上直线段的两个端点
圆	圆心和 4 个象限点
圆弧	两个端点和中点
椭圆	中心点和 4 个象限点
椭圆弧	中心点、中点和两个端点
单行文字	定位点和第二个对齐点（如果有的话）
多行文字	各顶点
属性	文字行的定位点（插入点）
尺寸	尺寸线和尺寸界线的端点、尺寸文字的中心点

2. 使用夹点编辑图形

在 AutoCAD 中夹点是一种集成的编辑模式,具有非常实用的功能,它为用户提供了一种方便快捷的编辑操作途径。使用夹点可以对对象进行拉伸、移动、旋转、缩放及镜像等操作。

(1)使用夹点"拉伸"对象

在不执行任何命令的情况下选择对象,将显示该对象的所有夹点(冷态)。

单击其中一个夹点(小方框或小三角形),该夹点处于热态,命令行提示:

＊＊拉伸＊＊

指定拉伸点或［基点(B)/复制(C)/放弃(U)/退出(X)］://默认拖动夹点到所需位置

(2)切换"拉伸""移动""旋转""比例缩放""镜像"编辑操作

使用夹点可以对对象进行拉伸、移动、旋转、缩放及镜像等操作。默认情况下,执行"拉伸"操作。按【Enter】键或【Space】键,将以"拉伸""移动""旋转""比例缩放""镜像"的顺序切换 5 种编辑功能。

还可以通过快捷菜单:在不执行任何命令的情况下选择对象,显示其夹点,然后右击其中一个夹点,在弹出的快捷菜单中选择【移动】【缩放】【旋转】等命令。

4.3　删除、恢复对象

当有误操作时,可用 UNDO(放弃)或 REDO(重做)命令恢复,对错误删除的对象,还可用 OOPS 命令进行恢复。

(1)放弃与重做对象

几乎所有的操作都可用 UNDO(放弃)命令恢复, UNDO 命令和 REDO 命令是一对相反的命令,前一步,UNDO 命令的操作可用 REDO 命令(或 MREDO 命令)重做。

命令调用方式:

下拉菜单:【编辑】|【放弃】/【重做】

命　令　行:UNDO/REDO

工　具　栏:【快速访问】或【标准】|"放弃/重做" ⟲ ▾ ⟳ ▾

快　捷　键:Ctrl + Z/ Ctrl + Y

注意:在"标准"工具栏中的 UNDO 和 REDO 命令按钮右边都有一个小黑三角,表明按住小黑三角可以打开选择项,分别可选择放弃到前面操作中某一项和重做到已经放弃操作中的某一项。

(2)删除对象

ERASE 命令用于从图形中删除对象。

命令调用方式:

功　能　区:【默认】|【修改】|【删除】

下拉菜单:【修改】|【删除】

命　令　行:ERASE(简写 E)

工　具　栏:【修改】|"删除" ✍

通常,当发出【删除】命令后,用户需要选择要删除的对象,然后按【Enter】键或【Space】键结束对象选择,同时将删除已选择的对象。如果用户在"选项"对话框的"选择集"选项卡中,选中"选择集模式"选项组中的"先选择后执行"复选框,那么就可以先选择对象,然后单击【删除】按钮将其删除。

4.4 复制、剪切、粘贴对象

1. COPY 命令

用于将一个或多个对象复制到指定位置。

命令调用方式:

功 能 区:【默认】|【修改】|【复制】

下拉菜单:【修改】|【复制】

命 令 行:COPY（简写 CO 或 CP）

工 具 栏:【修改】|"复制"

快捷菜单:选择要复制的对象,在绘图区域右击,从弹出的快捷菜单中选择【复制选择】命令。

执行上述命令后,可以从已有的对象复制出副本,并放置到指定的位置。执行该命令时,首先需要选择对象,然后指定位移的基点和位移矢量(相对于基点的方向和大小)。

例 4.1 镜像图 4-8(a)所示的图形。

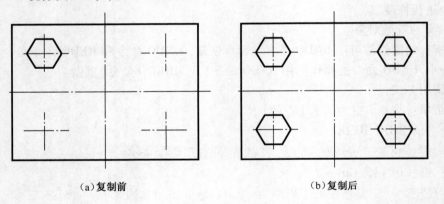

(a)复制前 (b)复制后

图 4-8 复制对象实例

操作步骤:

命令:COPY✓

选择对象: //选择要复制的正六边形

选择对象:✓

当前设置: 复制模式 = 多个

指定基点或 [位移(D)/模式(O)] <位移>: //捕捉正六边形的中心点

指定第二个点或 [阵列(A)] <使用第一个点作为位移>: //捕捉第 1 个要复制的位置

指定第二个点或 [阵列(A)/退出(E)/放弃(U)] <退出>: //捕捉第 2 个要复制的位置

指定第二个点或 [阵列(A)/退出(E)/放弃(U)] <退出>: //捕捉第 3 个要复制的位置

指定第二个点或 [阵列(A)/退出(E)/放弃(U)] <退出>:✓ //退出,如图 4-8(b)所示

2.【编辑】菜单下复制对象

(1)【剪切】命令

命令调用方式:

功　能　区:【默认】|【剪贴板】|【剪切】

下拉菜单:【编辑】|【剪切】

命　令　行:CUTCLIP

快　捷　键:Ctrl + X

工　具　栏:【标准】|"剪切"✂

快捷菜单:在绘图区域右击,从弹出的快捷菜单中选择【剪切】命令

执行上述命令后,所选择的实体从当前图形上剪切到剪贴板上,同时从原图形中消失。

(2)【复制】命令

命令调用方式:

功　能　区:【默认】|【剪贴板】|【复制剪裁】

下拉菜单:【编辑】|【复制】

命　令　行:COPYCLIP

快　捷　键:Ctrl + C

工　具　栏:【标准】|"复制"🗐

快捷菜单:在绘图区域右击,从弹出的快捷菜单中选择【复制】命令

执行上述命令后,所选择的对象从当前图形上复制到剪贴板上,原图形不变。

注意:使用"剪切"和"复制"功能复制对象时,已复制到目的文件的对象与源对象毫无关系,源对象的改变不会影响复制得到的对象。

(3)【带基点复制】命令

命令调用方式:

下拉菜单:【编辑】|【带基点复制】

命　令　行:COPYBASE

快　捷　键:Ctrl + Shift + C

快捷菜单:在绘图区域右击,从弹出的快捷菜单中选择【带基点复制】命令

(4)【复制链接】命令

命令调用方式:

下拉菜单:【编辑】|【复制链接】

命　令　行:COPYLINK

对象链接和嵌入的操作过程与用剪切板粘贴的操作类似,但其内部运行机制却有很大的差异。链接对象与其创建应用程序始终保持联系。例如,Word 文档中包含一个 AutoCAD 图形对象,在 Word 中双击该对象,Windows 自动将其装入 AutoCAD 中,以供用户进行编辑。如果对原始 AutoCAD 图形作了修改,则 Word 文档中的图形也随之发生相应的变化。如果是用剪贴板粘贴上的图形,则它只是 AutoCAD 图形的一个副本,粘贴之后,就不再与 AutoCAD 图形保持任何联系,原始图形的变化不会对它产生任何作用。

(5)【粘贴】命令

命令调用方式:

功　能　区：【默认】|【剪贴板】|【粘贴】

下拉菜单：【编辑】|【粘贴】

命　令　行：PASTECLIP

工　具　栏：【标准】|"粘贴"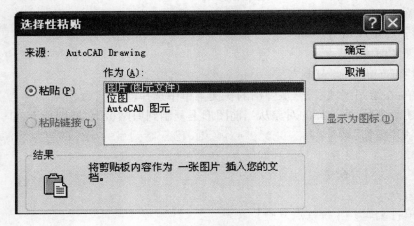

快　捷　键：Ctrl + V

快捷菜单：在绘图区域右击，从弹出的快捷菜单中选择【粘贴】命令

执行上述命令后，保存在剪贴板上的对象被粘贴到当前图形中。

(6)【选择性粘贴】命令

命令调用方式：

功　能　区：【默认】|【剪贴板】|【选择性粘贴】

下拉菜单：【编辑】|【选择性粘贴】

命　令　行：PASTESPEC

系统弹出"选择性粘贴"对话框，如图 4-9 所示，在该对话框中进行相关参数设置。

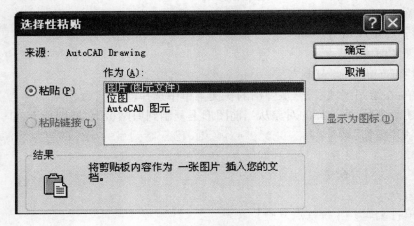

图 4-9　"选择性粘贴"对话框

(7)【粘贴为块】命令

命令调用方式：

功　能　区：【默认】|【剪贴板】|【粘贴为块】

下拉菜单：【编辑】|【粘贴为块】

命　令　行：PASTEBLOCK

快　捷　键：Ctrl + Shift + V

快捷菜单：终止所有活动命令，在绘图区域右击，从弹出的快捷菜单中选择【粘贴为块】命令。

将复制到剪贴板的对象作为块粘贴到图形中指定的插入点。

4.5　镜像、偏移和阵列对象

1. 镜像对象

命令调用方式：

功 能 区:【默认】|【修改】|【镜像】

下拉菜单:【修改】|【镜像】

命 令 行:MIRROR(简写 MI)

工 具 栏:【修改】|"镜像"△

使对象相对于镜像线进行镜像复制,便于绘制对称或近似对称图形。

例4.2 镜像图4-10所示的图形。

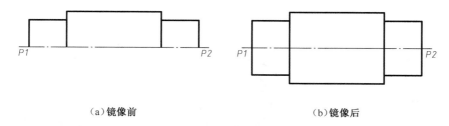

（a）镜像前   （b）镜像后

图 4-10 镜像对象实例

操作步骤:

命令:MIRROR↙

选择对象: //选择要镜像的对象

选择对象:↙

指定镜像线的第一点: //捕捉镜像线的第一个点

指定镜像线的第二点: //捕捉镜像线的第二个点

要删除源对象吗?［是(Y)／否(N)］<N>:↙   //退出

注意:

①镜像线由输入的两个点确定,但镜像线不一定要真实存在。

②在 AutoCAD 中,使用系统变量 MIRRTEXT 可以控制文字对象的镜像方向。如果 MIR-RTEXT 的值为1,则文字对象完全镜像,镜像出来的文字变得不可读。如果 MIRRTEXT 的值为0,则文字对象方向不镜像,镜像出来的文字变得可读,如图4-11 所示。

（a）MIRRTEXT=0   （b）MIRRTEXT=1

图 4-11 文本镜像实例

2. 偏移对象

命令调用方式:

功 能 区:【默认】|【修改】|【偏移】

下拉菜单:【修改】|【偏移】

命 令 行:OFFSET(简写 O)

工 具 栏:【修改】|"偏移"

可以对对象进行平行复制,用于创建同心圆、平行线或等距曲线。

注意:使用【偏移】命令复制对象时,对直线段、构造线、射线作偏移,是平行复制。对圆弧作偏移后,新圆弧与旧圆弧同心且具有同样的包含角,但新圆弧的长度要发生改变;对圆或椭圆作偏移后,新圆、新椭圆与旧圆、旧椭圆有同样的圆心,但新圆的半径或新椭圆的轴长要发生变化。

例4.3 偏移图4-12所示的图形。

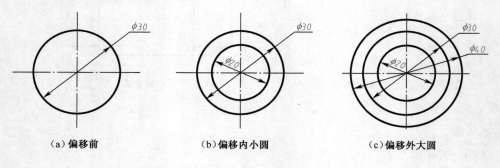

(a)偏移前　　　　　　(b)偏移内小圆　　　　　　(c)偏移外大圆

图 4-12 偏移对象实例

操作步骤:

命令:OFFSET↙

指定偏移距离或[通过(T)/删除(E)/图层(L)]<通过>: 5↙

选择要偏移的对象,或[退出(E)/放弃(U)]<退出>:   //选择要偏移的圆

指定要偏移的那一侧上的点,或[退出(E)/多个(M)/放弃(U)]<退出>://单击圆内部任意一点

选择要偏移的对象,或[退出(E)/放弃(U)]<退出>:   //选择要偏移的圆

指定要偏移的那一侧上的点,或[退出(E)/多个(M)/放弃(U)]<退出>://单击圆外部任意一点

选择要偏移的对象,或[退出(E)/放弃(U)]<退出>:↙   //退出

3. 阵列复制对象

命令调用方式:

功 能 区:【常用】|【修改】|【矩形阵列】【路径阵列】【环形阵列】

下拉菜单:【修改】|【阵列】|【矩形阵列】【路径阵列】【环形阵列】

命 令 行:ARRAY(简写 AR)、ARRAYRECT、ARRAYPATH、ARRAYPOLAR

工 具 栏:【修改】|"矩形阵列"器 或"路径阵列" 或"环形阵列"

使对象以指定矩形、环形或沿曲线方式进行多重复制,用于绘制呈矩形、环形或沿曲线规律分布的相同结构。

(1)矩形阵列

例4.4 矩形阵列图4-13所示的图形。

操作步骤:

命令:ARRAYRECT↙

选择对象: //选择要阵列的对象

选择对象:↙

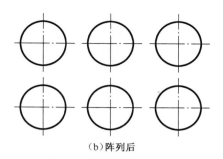

（a）阵列前　　　　　　　　　（b）阵列后

图 4-13　矩形阵列对象实例

类型 = 矩形　关联 = 是

选择夹点以编辑阵列或［关联（AS）/基点（B）/计数（COU）/间距（S）/列数（COL）/行数（R）/层数（L）/退出（X）］<退出 >:R

输行数或［表达式（E）］<3 >:2

指定行数之间的距离或［总计（T）/表达式（E）］<19.7265 >:15

指定行数之间的标高增量或［表达式（E）］<0 >:

选择夹点以编辑阵列或［关联（AS）/基点（B）/计数（COU）/间距（S）/列数（COL）/行数（R）/层数（L）/退出（X）］<退出 >:COL

输入列数数或［表达式（E）］<4 >:3

指定列数之间的距离或［总计（T）/表达式（E）］<19.2598 >:15

选择夹点以编辑阵列或［关联（AS）/基点（B）/计数（COU）/间距（S）/列数（COL）/行数（R）/层数（L）/退出（X）］<退出 >:　　　　　　　　　//退出

在 AutoCAD 的高版本中,加入了"关联阵列"的新特性。在执行阵列命令时可以修改"关联"属性值来设置其关联性。当阵列属性为"非关联"时,阵列得到的每个子对象都是独立的,可自由进行编辑;当阵列属性为"关联"时,阵列得到的将是一个阵列整体对象(类似于块),可对阵列对象的特性如间距、项目数等进行编辑,实时更改阵列结果。

例 4.5　编辑矩形阵列图 4-13（b）中的图形,将其行数改为 3,列数改为 4。

操作步骤:

①双击矩形（关联）阵列对象,将会出现图 4-14 所示的矩形（关联）阵列特性窗口。

阵列(矩形)	
图层	剖面符号
列	4
列间距	15
行	3
行间距	15
行标高增量	0

图 4-14　矩形阵列特性窗口

②修改"列"文本框中的数字,由 3 改为 4。

③修改"行"文本框中的数字,由 2 改为 3。

④关闭矩形（关联）阵列特性窗口,阵列后效果如图 4-15 所示。

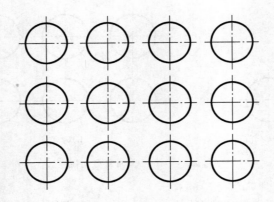

图 4-15　编辑矩形阵列对象实例

关联中的子对象也可进行单独编辑,如在按住【Ctrl】键的同时选择图 4-16(a)中单个圆,然后将其放大 1.5 倍,效果如图 4-16(b)所示。

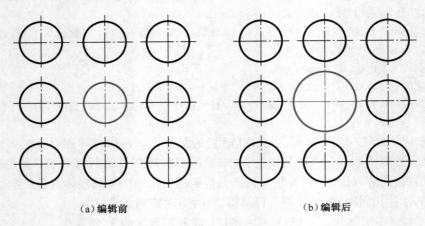

（a）编辑前　　　　　　　　　　　　　（b）编辑后

图 4-16　编辑矩形阵列子对象

（2）路径阵列

例 4.6　路径阵列图 4-17 所示的图形。

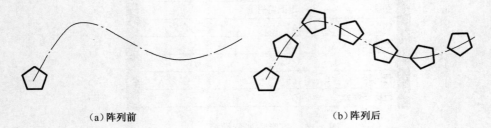

（a）阵列前　　　　　　　　　　　　　（b）阵列后

图 4-17　路径阵列对象实例

操作步骤:

命令:ARRAYPATH↙

选择对象:　　　　　　　　　　　　　　　　　　　　//选择要阵列的对象

选择对象：↵

类型 = 路径　关联 = 是

选择路径曲线：　　　　　　　　　　　　　　　　　//选择路径曲线

选择夹点以编辑阵列或［关联(AS)/方法(M)/基点(B)/切向(T)/项目(I)/行(R)/层(L)/对齐项目(A)/Z 方向(Z)/退出(X)］<退出>:I↵

指定沿路径的项目之间的距离或［表达式(E)］<14.2658>:15↵

指定项目数或［填写完整路径(F)/表达式(E)］<8>:7↵

选择夹点以编辑阵列或［关联(AS)/方法(M)/基点(B)/切向(T)/项目(I)/行(R)/层(L)/对齐项目(A)/Z 方向(Z)/退出(X)］<退出>:↵　　　　　//退出,阵列后效果如图 4-17(b)所示

双击路径(关联)阵列对象,将会出现图 4-18 所示的路径(关联)阵列特性窗口;将"对齐项目"中的"是"改为"否",阵列效果如图 4-19 所示。

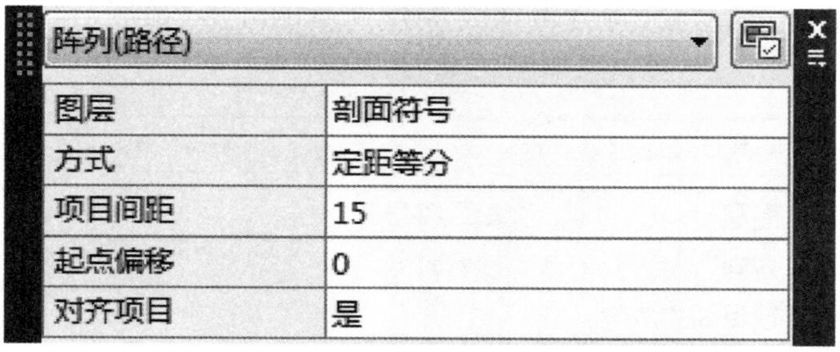

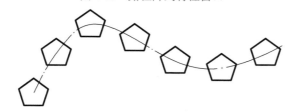

图 4-18　路径阵列特性窗口

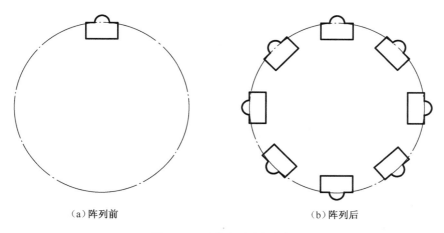

图 4-19　编辑路径阵列

（3）环形阵列

例 4.7　环形阵列图 4-20 所示的图形。

（a）阵列前　　　　　　　　　　　　（b）阵列后

图 4-20　环形阵列对象实例

操作步骤：

命令：ARRAYPOLAR↙

选择对象：   //选择要阵列的对象

选择对象：↙

类型 ＝ 极轴　关联 ＝ 是

指定阵列的中心点或［基点(B)/旋转轴(A)］：   //捕捉大圆圆心

选择夹点以编辑阵列或［关联(AS)/基点(B)/项目(I)/项目间角度(A)/填充角度(F)/行(ROW)/层(L)/旋转项目(ROT)/退出(X)］<退出＞:I↙

输入阵列中的项目数或［表达式(E)］<6＞:8↙

选择夹点以编辑阵列或［关联(AS)/基点(B)/项目(I)/项目间角度(A)/填充角度(F)/行(ROW)/层(L)/旋转项目(ROT)/退出(X)］<退出＞:↙   //退出，阵列后效果如图4-20(b)所示

　　双击环形（关联）阵列对象，将会出现图4-21所示的环形（关联）阵列特性窗口；将"旋转项目"中的"是"改为"否"，阵列效果如图4-22所示。

阵列(环形)	
图层	剖面符号
方向	逆时针
项目间的角度	45
填充角度	360
旋转项目	是

图 4-21　环形阵列特性窗口

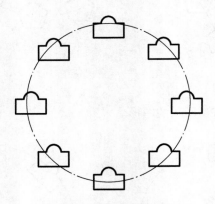

图 4-22　编辑环形阵列

4.6　移动、旋转对象

1. 移动对象

命令调用方式：

功 能 区：【默认】|【修改】|【移动】

下拉菜单：【修改】|【移动】

命 令 行:MOVE（简写 M）

工 具 栏:【修改】|"移动"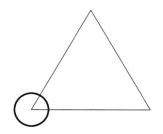

移动对象是指对象的重定位。可以在指定方向上按指定距离移动对象,对象的位置发生了改变,但方向和大小不改变。

例4.8　移动图 4-23 中的圆。

（a）移动前　　　　　　　　　　　　　（b）移动后

图 4-23　移动对象实例

操作步骤:

命令:MOVE↙

选择对象:　　　　　　　　　　　　　　　//选择要移动的对象

选择对象:↙

指定基点或［位移（D）］＜位移＞:　　　　//捕捉圆心

指定第二个点或 ＜使用第一个点作为位移＞: //捕捉端点(三角形的右侧顶点),移动效果如图 4-23（b）所示

2. 旋转对象

命令调用方式:

功 能 区:【默认】|【修改】|【旋转】

下拉菜单:【修改】|【旋转】

命 令 行:ROTATE（简写 RO）

工 具 栏:【修改】|"旋转"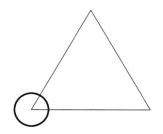

将对象绕基点旋转指定的角度。

例4.9　旋转图 4-24 中的图形。

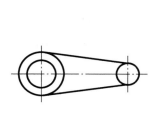
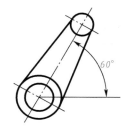
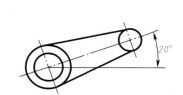

（a）初始图形　　　　　（b）旋转60°　　　　　　　　（c）旋转20°

图 4-24　旋转对象实例

操作步骤:

命令:ROTATE↙

UCS 当前的正角方向: ANGDIR = 逆时针　ANGBASE = 0

选择对象:　　　　　　　　　　　　　　　　　　//选择要旋转的对象

选择对象:↙

指定基点:　　　　　　　　　　　　　　　　　　//捕捉右侧圆心

指定旋转角度,或[复制(C)/参照(R)] < 20 >:60↙　　//旋转效果如图 4-24(b)所示

命令:ROTATE↙

UCS 当前的正角方向: ANGDIR = 逆时针　ANGBASE = 0

选择对象:　　　　　　　　　　　　　　　　　　//选择要移动的对象

选择对象:↙

指定基点:　　　　　　　　　　　　　　　　　　//捕捉右侧圆心

指定旋转角度,或[复制(C)/参照(R)] < 60 >:R↙

指定参照角 < 0 >:60↙

指定新角度或[点(P)] < 0 >:20↙　　　　　//参照方式下的实际旋转角度为新角度减

去参照角度,旋转效果如图 4-24(c)所示

4.7　缩放、拉伸和拉长对象

1. 缩放对象

命令调用方式:

功　能　区:【默认】|【修改】|【缩放】

下拉菜单:【修改】|【缩放】

命　令　行:SCALE(简写 SC)

工　具　栏:【修改】|"缩放"

可以将对象按指定的比例因子相对于基点进行尺寸缩放。

例 4.10　缩放图 4-25 中的图形。

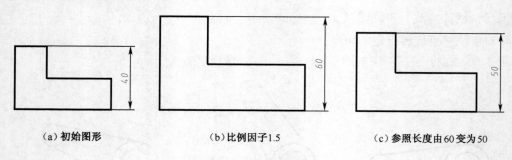

(a)初始图形　　　　　　　(b)比例因子1.5　　　　　　(c)参照长度由60变为50

图 4-25　缩放对象实例

操作步骤:

命令:SCALE↙

选择对象:　　　　　　　　　　　　　　　　　　//选择要缩放的对象

选择对象:↙

指定基点:	// 捕捉缩放基点
指定比例因子或［复制（C）/参照（R）］：1.5	// 缩放效果如图 4-25(b)所示
命令：SCALE✓	
选择对象:	// 选择要缩放的对象
选择对象：✓	
指定基点:	// 捕捉缩放基点
指定比例因子或［复制（C）/参照（R）］:R✓	
指定参照长度 <1.0000>:60✓	
指定新的长度或［点（P）］<1.0000>:50✓	// 参照方式下的比例因子为"参照长度/新

的长度",缩放效果如图 4-25(c)所示

2. 拉伸对象

命令调用方式：

功　能　区：【默认】|【修改】|【拉伸】

下拉菜单：【修改】|【拉伸】

命　令　行：STRETCH(简写 S)

工　具　栏：【修改】|"拉伸"

可以移动或拉伸对象,操作方式根据图形对象在选择框中的位置决定。执行该命令时,必须使用交叉窗口方式或者交叉多边形方式选择对象,然后依次指定位移基点和位移矢量,AutoCAD将会移动全部位于选择窗口之内的对象,而拉伸(或压缩)与选择窗口边界相交的对象。

对于直线、圆弧等对象,若其所有部分均在选择窗口内,那么它们将被移动,如果它们只有一部分在选择窗口内,则遵循以下拉伸规则。

①直线:位于窗口外的端点不动,位于窗口内的端点移动。

②圆弧:与直线类似,但在圆弧改变的过程中,圆弧的弦高保持不变,同时由此来调整圆心的位置和圆弧起始角、终止角的值。

例 4.11　拉伸图 4-26 中的图形。

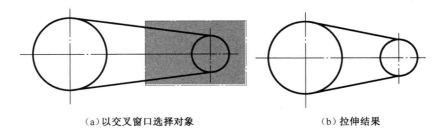

(a)以交叉窗口选择对象　　　　　　(b)拉伸结果

图 4-26　拉伸对象实例

操作步骤：

打开正交模式。

命令：STRETCH✓

以交叉窗口或交叉多边形选择要拉伸的对象 ...

选择对象:	// 以交叉窗口选择对象,如图 4-26(a)所示
选择对象：✓	

指定基点或［位移(D)］＜位移＞:   //选择小圆圆心

指定第二个点或 ＜使用第一个点作为位移＞:@ −10,0↙   //如图 4-26(b)所示

3. 拉长对象

命令调用方式:

功 能 区:【默认】|【修改】|【拉长】

下拉菜单:【修改】|【拉长】

命 令 行:LENGTHEN(简写 LEN)

可修改线段或者圆弧的长度。常用来调整点画线长度。

例4.12   拉长图4-27中的点画线。

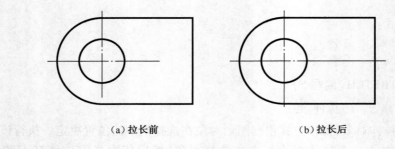

(a)拉长前   (b)拉长后

图 4-27   拉长对象实例

操作步骤:

命令:LENGTHEN↙

选择对象或［增量(DE)/百分数(P)/全部(T)/动态(DY)］:DY↙

选择要修改的对象或［放弃(U)］:   //选择要拉长的点画线端部

指定新端点: //拉长点画线到合适的位置单击,如图4-27(b)所示

选择要修改的对象或［放弃(U)］:↙

4.8   修剪、延伸对象

1. 修剪对象

命令调用方式:

功 能 区:【默认】|【修改】|【修剪】

下拉菜单:【修改】|【修剪】

命 令 行:TRIM(简写 TR)

工 具 栏:【修改】|“修剪”

在 AutoCAD 中,可以作为剪切边界的对象有直线、圆弧、圆、椭圆或椭圆弧、多段线、样条曲线、构造线、射线以及文字等。剪切边也可以同时作为被剪边。默认情况下,选择要修剪的对象(即选择被剪边),系统将以剪切边为界,将被剪切对象上位于拾取点一侧的部分剪切掉。如果按下【Shift】键,同时选择与修剪边不相交的对象,修剪边将变为延伸边界,将选择的对象延伸至与修剪边界相交。

例 4.13 修剪图 4-28 所示的图形。

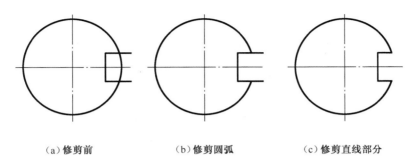

（a）修剪前　　　　　　　（b）修剪圆弧　　　　　　　（c）修剪直线部分

图 4-28 修剪对象实例

操作步骤：

命令：TRIM↙

当前设置：投影 = UCS,边 = 无

选择剪切边 ...

选择对象或 <全部选择>：　　　　　　　//选择两条水平线及圆

选择对象：↙

选择要修剪的对象，或按住【Shift】键选择要延伸的对象，或[栏选（F）/窗交（C）/投影（P）/边（E）/删除（R）/放弃（U）]：　　　　　　　//选择两条水平线之间的圆弧

选择要修剪的对象，或按住【Shift】键选择要延伸的对象，或[栏选（F）/窗交（C）/投影（P）/边（E）/删除（R）/放弃（U）]：↙　　　　　　　//修剪效果如图 4-28（b）和图 4-28（c）所示

2. 延伸对象

命令调用方式：

功 能 区：【默认】|【修改】|【延伸】

下拉菜单：【修改】|【延伸】

命 令 行：EXTEND（简写 EX）

工 具 栏：【修改】|"延伸"⟶|

可以延长指定的对象与另一对象相交或外观相交。延伸命令的使用方法和修剪命令的使用方法相似,不同的地方在于:使用延伸命令时,如果在按下【Shift】键的同时选择对象,则执行修剪命令;使用修剪命令时,如果在按下【Shift】键的同时选择对象,则执行延伸命令。

例 4.14 延伸图 4-29 所示的图形。

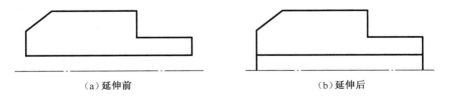

（a）延伸前　　　　　　　　　　　　　（b）延伸后

图 4-29 延伸对象实例

操作步骤：

命令：EXTEND↙

当前设置：投影 = UCS,边 = 无

选择边界的边 ...

选择对象或 ＜全部选择＞：   //选择水平点画线

选择对象：↙

选择要延伸的对象，或按住【Shift】键选择要修剪的对象，或[栏选(F)/窗交(C)/投影(P)/边(E)/
放弃(U)]：   //选择第 1 条要延伸的竖直线

选择要延伸的对象，或按住【Shift】键选择要修剪的对象，或[栏选(F)/窗交(C)/投影(P)/边(E)/
放弃(U)]：   //选择第 2 条要延伸的竖直线

选择要延伸的对象，或按住【Shift】键选择要修剪的对象，或[栏选(F)/窗交(C)/投影(P)/边(E)/
放弃(U)]：↙

4.9 打断、合并对象

1. 打断对象

可部分删除对象或把对象分解成两部分。

命令调用方式：

功　能　区：【默认】|【修改】|【打断】【打断于点】

下拉菜单：【修改】|【打断】

命　令　行：BREAK（简写 BR）

工　具　栏：【修改】|"打断" [图标] 或"打断于点" [图标]

默认情况下，以选择对象时的拾取点作为第一个断点，这时需要指定第二个断点。如果直接选取对象上的另一点或者在对象的一端之外拾取一点，这时将删除对象上位于两个拾取点之间的部分。如果选择"第一点(F)"选项，可以重新确定第一个断点。在确定第二个打断点时，如果在命令行输入@，可以使第一个、第二个断点重合，从而将对象一分为二。如果对圆、矩形等封闭图形使用打断命令时，AutoCAD 将沿"逆时针"方向把第一断点到第二断点之间的那段圆弧删除。

例 4.15 打断图 4-30 所示的图形。

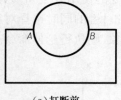 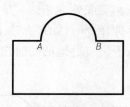 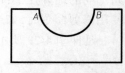

(a)打断前   (b)打断后(先选 A，再选 B)   (c)打断后(先选 B，再选 A)

图 4-30 打断对象实例

操作步骤：

命令：BREAK↙

选择对象：   //捕捉 A 点

指定第二个打断点 或 [第一点(F)]：   //捕捉 B 点，效果如图 4-30(b)所示

命令：BREAK↙

选择对象：   //捕捉 B 点

指定第二个打断点 或［第一点(F)］：　　　　　　//捕捉 A 点,效果如图 4-30(c)所示

2. 合并对象

将相似对象合并形成一个完整的对象。

命令调用方式：

功　能　区：【默认】|【修改】|【合并】

下拉菜单：【修改】|【合并】

命　令　行：JOIN(简写 J)

工　具　栏：【修改】|"合并" ➤➤

①源对象为一条直线时,要合并的直线对象必须与源对象共线(位于同一无限长的直线上),但是它们之间可以有间隙。

②源对象为一条开放的多段线时,要合并的对象可以是直线、多段线或圆弧,对象之间不能有间隙,并且必须与源对象位于与 UCS 的 XY 平面平行的同一平面上。

③源对象为一条圆弧时,要合并的圆弧对象必须与源对象位于同一假想圆上,但是它们之间可以有间隙。

注意：合并两条或多条圆弧时,将从源对象开始按逆时针方向合并圆弧。

④源对象为一条椭圆弧时,要合并的椭圆弧必须与源对象位于同一椭圆上,但是它们之间可以有间隙。

注意：合并两条或多条椭圆弧时,将从源对象开始按逆时针方向合并椭圆弧。

⑤源对象为一条开放的样条曲线时,要合并的样条曲线对象必须与源对象位于同一平面内,并且必须首尾相邻(端点到端点放置)。

例 4.16　合并图 4-31 所示的图形。

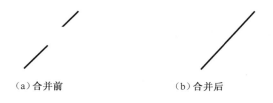

(a)合并前　　　　　　　　　　　(b)合并后

图 4-31　合并直线对象实例

操作步骤：

命令：JOIN↙

选择源对象或要一次合并的多个对象：　　　　//选择第 1 条直线

选择要合并的对象：　　　　　　　　　　　　//选择第 2 条直线

选择要合并的对象：↙　　　　　　　　　　　//两条直线已合并为一条直线,效果如图 4-31(b)所示

例 4.17　合并图 4-32 所示的图形。

操作步骤：

命令：JOIN↙

选择源对象或要一次合并的多个对象：　　　　//选择上圆弧

选择要合并的对象：　　　　　　　　　　　　//选择下圆弧

选择要合并的对象：↙　　　　　　　　　　　//两条圆弧已合并为一条圆弧,效果如图 4-32(b)所示

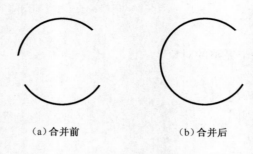

（a）合并前　　　　　　　（b）合并后

图 4-32　合并圆弧对象实例

4.10　倒角、圆角对象

1. 倒角

可以为对象绘制倒角。

命令调用方式：

功　能　区：【默认】|【修改】|【倒角】

下拉菜单：【修改】|【倒角】

命　令　行：CHAMFER（简写 CHA）

工　具　栏：【修改】|"倒角" ⌒

注意：绘制倒角时，倒角距离或倒角角度不能太大，否则无效。当两个倒角距离均为 0 时，CHAMFER 命令将延伸两条直线使之相交，不产生倒角。此外，如果两条直线平行或发散时则不能倒角。

例 4.18　创建图 4-33 所示轴的倒角。

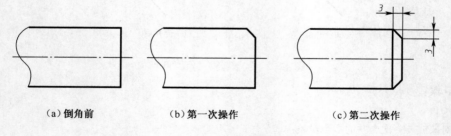

（a）倒角前　　　　　　（b）第一次操作　　　　　　（c）第二次操作

图 4-33　倒角对象实例

操作步骤：

命令：CHAMFER↙

（"修剪"模式）当前倒角距离 1 =0.0000,距离 2 =0.0000

选择第一条直线或 ［放弃（U）/多段线（P）/距离（D）/角度（A）/修剪（T）/方式（E）/多个（M）］：D↙

指定第一个倒角距离 <0.0000 >:3↙

指定第二个倒角距离 <3.0000 >:↙

选择第一条直线或 ［放弃（U）/多段线（P）/距离（D）/角度（A）/修剪（T）/方式（E）/多个（M）］：//选择上面的水平线

选择第二条直线,或按住【Shift】键选择直线以应用角点或［距离(D)／角度(A)／方法(M)］://选择右侧的竖直线,效果如图 4-33(b)所示

命令：CHAMFER↙

("修剪"模式）当前倒角距离 1＝3.0000,距离 2＝3.0000

选择第一条直线或［放弃(U)／多段线(P)／距离(D)／角度(A)／修剪(T)／方式(E)／多个(M)］：//选择下面的水平线

选择第二条直线,或按住【Shift】键选择直线以应用角点或［距离(D)／角度(A)／方法(M)］://选择右侧的竖直线

命令：LINE↙

指定第一个点://捕捉第 1 点

指定下一点或［放弃(U)］：　　　　　　　　//捕捉第 2 点

指定下一点或［放弃(U)］：↙　　　　　　　//效果如图 4-33(c)所示

例 4.19　创建图 4-34 所示的轴的倒角。

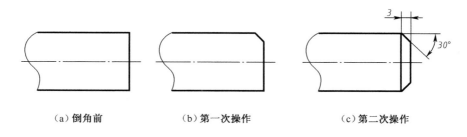

（a）倒角前　　　　　　（b）第一次操作　　　　　　（c）第二次操作

图 4-34　倒角对象实例

操作步骤：

命令：CHAMFER↙

("修剪"模式）当前倒角距离 1＝3.0000,距离 2＝3.0000

选择第一条直线或［放弃(U)／多段线(P)／距离(D)／角度(A)／修剪(T)／方式(E)／多个(M)］:A↙

指定第一条直线的倒角长度 <0.0000>:3↙

指定第一条直线的倒角角度 <0>:30↙

选择第一条直线或［放弃(U)／多段线(P)／距离(D)／角度(A)／修剪(T)／方式(E)／多个(M)］://选择上面的水平线

选择第二条直线,或按住【Shift】键选择直线以应用角点或［距离(D)／角度(A)／方法(M)］: //选择右侧的竖直线,效果如图 4-34(b)所示

命令：CHAMFER↙

("修剪"模式）当前倒角长度 ＝3.0000,角度 ＝30

选择第一条直线或［放弃(U)／多段线(P)／距离(D)／角度(A)／修剪(T)／方式(E)／多个(M)］:A↙

指定第一条直线的倒角长度 <3.0000>:↙

指定第一条直线的倒角角度 <30>:↙

选择第一条直线或［放弃(U)／多段线(P)／距离(D)／角度(A)／修剪(T)／方式(E)／多个(M)］://选择下面的水平线

选择第二条直线,或按住【Shift】键选择直线以应用角点或［距离(D)／角度(A)／方法(M)］: //选择右侧的竖直线

命令：LINE↙

指定第一个点：　　　　　　　　　　　　　　　　　　// 捕捉第 1 点

指定下一点或 [放弃(U)]：　　　　　　　　　　　　// 捕捉第 2 点

指定下一点或 [放弃(U)]：↙　　　　　　　　　　　// 效果如图 4-34(c)所示

在执行倒角命令过程中，可以选择倒角不修剪，效果如图 4-35(c)所示。

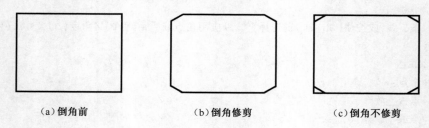

（a)倒角前　　　　　　　　　（b)倒角修剪　　　　　　　　　（c)倒角不修剪

图 4-35　倒角对象实例

2. 圆角

可以为对象用圆弧修圆角。

命令调用方式：

功 能 区：【默认】|【修改】|【圆角】

下拉菜单：【修改】|【圆角】

命 令 行：FILLET(简写 F)

工 具 栏：【修改】|"圆角"

注意：

①如果圆角的半径太大，则不能进行修圆角。

②对于两条平行线修圆角时，自动将圆角的半径定为两条平行线间距的一半。

③如果指定半径为 0，则不产生圆角，只是将两个对象延长相交。

④如果修圆角的两个对象具有相同的图层、线型和颜色，则圆角对象也与其相同；否则圆角对象采用当前图层、线型和颜色。

例 4.20　创建图 4-36 所示的圆角。

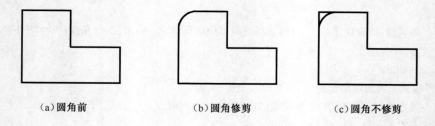

（a)圆角前　　　　　　　　　（b)圆角修剪　　　　　　　　　（c)圆角不修剪

图 4-36　圆角对象实例

操作步骤：

命令：FILLET↙

当前设置：模式 = 修剪，半径 = 0.0000

选择第一个对象或 [放弃(U)/多段线(P)/半径(R)/修剪(T)/多个(M)]:R↙

指定圆角半径 <0.0000 >:5↙

选择第一个对象或［放弃(U)/多段线(P)/半径(R)/修剪(T)/多个(M)］://择第 1 条直线

选择第二个对象,或按住【Shift】键选择对象以应用角点或［半径(R)］：　//选择第 2 条直线,效果如
图4-36(b)所示

在执行圆角命令过程中,可以选择圆角不修剪,效果如图 4-36(c)所示。

4.11　光顺曲线对象

可以在两条开放曲线的端点之间创建相切或平滑的样条曲线。

命令调用方式:

功　能　区:【默认】|【修改】|【光顺曲线】

下拉菜单:【修改】|【光顺曲线】

命　令　行:BLEND(简写 BL)

工　具　栏:【修改】"光顺曲线"|∼

例 4.21　创建图 4-37 所示曲线光滑连接两曲线。

（a）光顺前　　　　　　　　　　　（b）光顺后

图 4-37　光顺曲线对象实例

操作步骤:

命令:BLEND↙

连续性 = 相切

选择第一个对象或［连续性(CON)］：　　　　　　　　　//选择第 1 条曲线

选择第二个点:　　　　　　　　　　　　　　　　　　　//选择第 2 条曲线

4.12　分　解　对　象

可以分解多段线、标注、图案填充或块参照等复合对象,将其转换为单个元素。例如,分解
多段线将其分为简单的线段和圆弧。分解块参照或关联标注使其替换为组成块或标注的对象
副本。

命令调用方式:

功　能　区:【默认】|【修改】|【分解】

下拉菜单:【修改】|【分解】

命　令　行:EXPLODE(简写 X)

工　具　栏:【修改】|"分解"🗄

选择需要分解的对象后按【Enter】键,即可分解图形并结束该命令。

注意:分解对象后图形外观一般无明显变化,但多段线的宽度信息将消失。

例 4.22 分解图 4-38(a)所示的矩形。

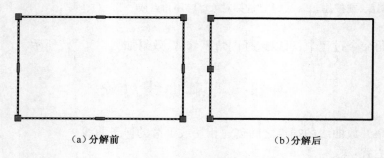

(a)分解前　　　　　　　　　　　　(b)分解后

图 4-38 分解对象实例

操作步骤：

命令：EXPLODE↙

选择对象：　　　　　　　　　　　　　//选择矩形

选择对象：↙

4.13 实 例 分 析

例 4.23 绘制正五角星,如图 4-39 所示。

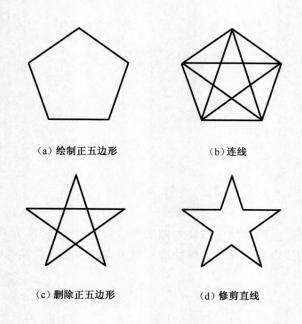

(a)绘制正五边形　　　　　　　　　(b)连线

(c)删除正五边形　　　　　　　　　(d)修剪直线

图 4-39 绘制五角星步骤

操作步骤：

①绘制正五边形。

命令：POLYGON↙

输入侧面数 < 4 >:5↙

指定正多边形的中心点或［边(E)］:　　　　　　//拾取中心点

输入选项［内接于圆(I)／外切于圆(C)］＜I＞:I↙

指定圆的半径:25↙　　　　　　　　　　　　//捕捉圆上最上面的象限点,效果如图4-39(a)所示

②绘制直线。

命令:LINE↙

指定第一个点:　　　　　　　　　　　　　　//捕捉正五边形的一个顶点

指定下一点或［放弃(U)］:　　　　　　　　　//捕捉正五边形的另一个顶点

指定下一点或［放弃(U)］:↙　　　　　　　　//退出,重复4次上述直线命令,效果如图4-39(b)所示

③选中正五边形,然后按【Delete】键删除正五边形,效果如图4-39(c)所示。

④删除五角星内部的线。

命令:TRIM↙

当前设置:投影＝UCS,边＝无

选择剪切边 ...

选择对象或 ＜全部选择＞:　　　　　　　　　//在绘图区域的空白处右击

选择要修剪的对象,或按住【Shift】键选择要延伸的对象,或[栏选(F)／窗交(C)／投影(P)／边(E)／删除(R)／放弃(U)]:　　　　　　　　　　　　//选择要删除的线,效果如图4-39(d)所示

例4.24　绘制铣刀平面图,如图4-40所示。

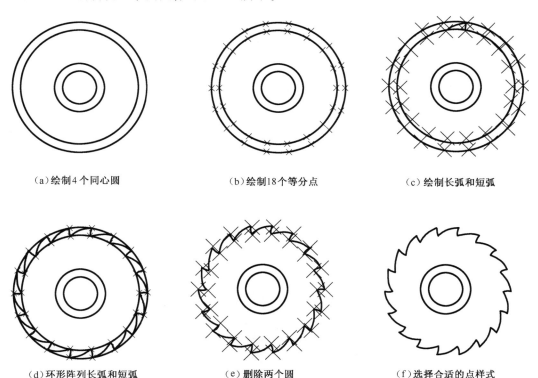

(a)绘制4个同心圆　　　　(b)绘制18个等分点　　　　(c)绘制长弧和短弧

(d)环形阵列长弧和短弧　　(e)删除两个圆　　　　　(f)选择合适的点样式

图4-40　绘制铣刀平面图示例

操作步骤:

①绘制 4 个同心圆:在命令行中输入 CIRCLE 命令(简写 C),绘制半径分别为 20、30、70和 80 的 4 个同心圆,如图 4-40(a)所示。

②绘制 18 个等分点：在命令行中输入 DDPTYPE 命令，弹出"点样式"对话框，选择合适的点样式。在命令行中输入 DIVIDE（简写 DIV）绘制等分点，等分数为 18，如图 4-40（b）所示。

③绘制长弧：在命令行中输入 ARC（简写 A）命令，执行"起点、端点、角度"命令：

设置捕捉对象目标点为节点。

命令：ARC↙

指定圆弧的起点或［圆心（C）］：   //捕捉 R30 圆上的点

指定圆弧的第二个点或［圆心（C）/端点（E）］：E↙

指定圆弧的端点：   //捕捉 R20 圆上的点

指定圆弧的圆心或［角度（A）/方向（D）/半径（R）］：A↙

指定包含角：45↙   //如图 4-40（c）所示

④绘制短弧：在命令行中输入 ARC（简写 A）命令，执行"起点、端点、角度"命令：

命令：ARC↙

指定圆弧的起点或［圆心（C）］：   //捕捉 R30 圆上的点

指定圆弧的第二个点或［圆心（C）/端点（E）］：E↙

指定圆弧的端点：   //捕捉 R20 圆上的点

指定圆弧的圆心或［角度（A）/方向（D）/半径（R）］：A↙

指定包含角：30↙   //如图 4-40（c）所示

⑤环形阵列长弧和短弧。单击"修改"工具栏中的"阵列"按钮，命令行的提示：

选择对象：   //捕捉长弧和短弧

指定阵列的中心点或［基点（B）旋转轴（A）］：   //捕捉圆心

选择夹点以编辑阵列或［关联（AS）/基点（B）/项目（I）/项目间角度（A）/填充角度（F）/行（ROW）/层（L）/旋转项目（ROT）/退出（X）］＜退出＞：I↙   //选择阵列个数

输入阵列中的项目数或［表达式（E）］＜6＞：18↙   //输入阵列数目

选择夹点以编辑阵列或［关联（AS）/基点（B）/项目（I）/项目间角度（A）/填充角度（F）/行（ROW）/层（L）/旋转项目（ROT）/退出（X）］＜退出＞：↙   //退出，如图 4-40（d）所示

⑥使用【Delete】键删除 R20 和 R30 的圆，如图 4-40（e）所示。

⑦在命令行中输入 DDPTYPE 命令，弹出"点样式"对话框，选择合适的点样式，如图 4-40（f）所示。

例 4.25　绘制绽放花瓣的平面图，如图 4-41 所示。

图 4-41　绽放花瓣

操作步骤：

①绘制两个圆。

命令：CIRCLE↙

指定圆的圆心或［三点(3P)/两点(2P)/切点、切点、半径(T)］：　　　//拾取任意一点

指定圆的半径或［直径(D)］<15.0000>:50↙

命令：COPY↙

选择对象：　　　　　　　　　　　　　　　　　　　　//选择第一个圆

选择对象：↙

指定基点或［位移(D)/模式(O)］<位移>：　　　　　　　//捕捉圆心

指定第二个点或［阵列(A)］<使用第一个点作为位移>：@80,0↙

指定第二个点或［阵列(A)/退出(E)/放弃(U)］<退出>:E↙　　//退出，如图4-42(a)所示

②修剪圆。

命令：TRIM↙

选择对象或<全部选择>：↙

选择要修剪的对象，或按住【Shift】键选择要延伸的对象，或［栏选(F)/窗交(C)/投影(P)/边(E)/删除(R)/放弃(U)］：　　　　　　　　　　　　//选择被剪掉的对象

选择要修剪的对象，或按住【Shift】键选择要延伸的对象，或［栏选(F)/窗交(C)/投影(P)/边(E)/删除(R)/放弃(U)］：↙　　　　　　　　//退出，如图4-42(b)所示

③绘制直线。

命令：LINE↙

指定第一个点：　　　　　　　//捕捉两圆弧的上交点作为竖直线的第一个端点

指定下一点或［放弃(U)］：　　//捕捉两圆弧的下交点作为竖直线的第二个端点

指定下一点或［放弃(U)］：↙　//退出，如图4-42(c)所示

④阵列直线。单击"修改"工具栏中的"阵列"按钮，命令行的提示：

选择对象：　　　　　　　　　　//选择竖直直线

指定阵列的中心点或［基点(B)/旋转轴(A)］：　　//捕捉竖直线的第一个端点

选择夹点以编辑阵列或［关联(AS)/基点(B)/项目(I)/项目间角度(A)/填充角度(F)/行(ROW)/层(L)/旋转项目(ROT)/退出(X)］<退出>:I↙

输入阵列中的项目数或［表达式(E)］<6>:5↙

选择夹点以编辑阵列或［关联(AS)/基点(B)/项目(I)/项目间角度(A)/填充角度(F)/行(ROW)/层(L)/旋转项目(ROT)/退出(X)］<退出>:F↙

指定填充角度(+=逆时针、-=顺时针)或［表达式(EX)］<360>:24↙

选择夹点以编辑阵列或［关联(AS)/基点(B)/项目(I)/项目间角度(A)/填充角度(F)/行(ROW)/层(L)/旋转项目(ROT)/退出(X)］<退出>:↙　//退出，如图4-42(c)所示

⑤镜像直线。

命令：MIRROR↙

选择对象：　　　　　　　　　　//选择所有阵列直线

选择对象：↙

指定镜像线的第一点：　　　　　//捕捉竖直线的第一个端点

指定镜像线的第二点：　　　　　//捕捉竖直线的第二个端点

要删除源对象吗？［是(Y)/否(N)］<N>:↙　　//如图4-42(d)所示

⑥分解直线。

命令：EXPLODE↙

选择对象：　　　　　　　　　　　　　　　//选择阵列和镜像的直线

选择对象：↙

　⑦修剪直线。

命令：TRIM↙

选择对象或 <全部选择>：　　　　　　　　//选择两个圆弧

选择对象：↙

选择要修剪的对象,或按住【Shift】键选择要延伸的对象,或[栏选(F)/窗交(C)/投影(P)/边(E)/删除(R)/放弃(U)]：　　　　　　　　　　　//选择要修剪直线部分

选择要修剪的对象,或按住【Shift】键选择要延伸的对象,或[栏选(F)/窗交(C)/投影(P)/边(E)/删除(R)/放弃(U)]：↙　　　　　　　　　//退出,如图4-42(e)所示

　⑧阵列所有对象。单击"修改"工具栏中的"阵列"按钮,命令行的提示：

选择对象：　　　　　　　　　　　　　　　//通过框选来选择所有对象

选择对象：↙

指定阵列的中心点或[基点(B)/旋转轴(A)]：　　//捕捉竖直线的第一个端点

选择夹点以编辑阵列或[关联(AS)/基点(B)/项目(I)/项目间角度(A)/填充角度(F)/行(ROW)/层(L)/旋转项目(ROT)/退出(X)] <退出>：I↙

输入阵列中的项目数或[表达式(E)] <6>:16↙

选择夹点以编辑阵列或[关联(AS)/基点(B)/项目(I)/项目间角度(A)/填充角度(F)/行(ROW)/层(L)/旋转项目(ROT)/退出(X)] <退出>：↙退出,效果如图4-41所示

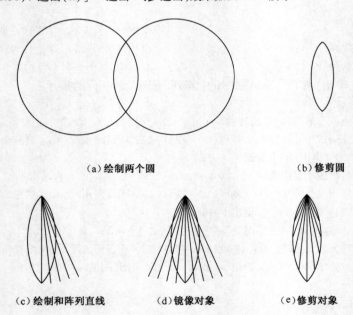

(a)绘制两个圆　　　　　　　　　　　　　　(b)修剪圆

(c)绘制和阵列直线　　　　(d)镜像对象　　　　(e)修剪对象

图4-42　绽放花瓣的绘图步骤

练习题

1. 绘制图4-43所示的图形,不标注尺寸。

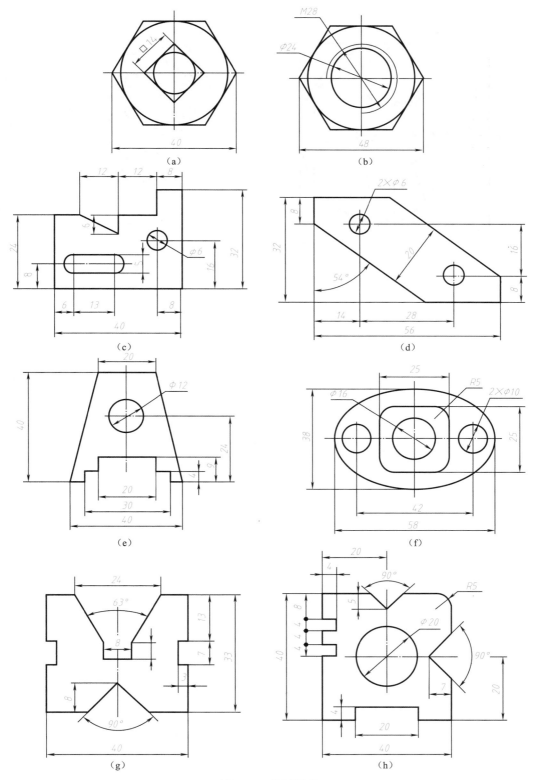

图 4-43　绘制图形

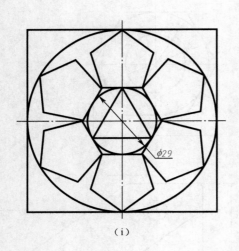

（i）

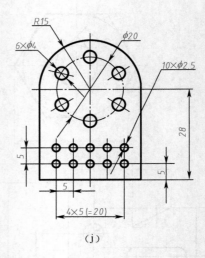

（j）

图 4-43　绘制图形(续)

第5章 线型、线宽、颜色及图层

📺 学习目的与要求

在 AutoCAD 中,每个对象都有其基本特性和几何特性。基本特性是指对象的图层、颜色、线型、线型比例和线宽等特性;几何特性是指对象的位置、大小和样式等方面的信息。通过【图层特性管理器】选项板、【特性】选项板、【特性匹配】命令、【图层】工具栏或【特性】工具栏可以设置和改变对象特性。要求:

(1)熟练创建、设置和使用图层;

(2)学会使用"选项"对话框设置绘图区域的背景颜色。

5.1 线型、线宽、颜色和图层的基本概念

1. 线型

绘工程图时经常需要采用不同的线型来绘图,如实线、虚线、中心线等。

2. 线宽

工程图中不同的线型有不同的线宽要求。用 AutoCAD 绘制工程图时,有两种确定线宽的方式。一种方法与手工绘图一样,即直接将构成图形对象的线条用不同的宽度表示;另一种方法是将有不同线宽要求的图形对象用不同颜色表示、但其绘图线宽仍采用 AutoCAD 的默认宽度,不设置具体的宽度,当通过打印机或绘图仪输出图形时,利用打印样式将不同颜色的对象设成不同的线宽,即在 AutoCAD 环境中显示的图形没有线宽,而通过绘图仪或打印机将图形输出到图纸后会反映出线宽。本书采用后一种方法。

3. 颜色

用 AutoCAD 绘制工程图时,可以将不同线型的图形对象用不同的颜色表示。AutoCAD 2023 提供了丰富的颜色方案供用户使用,其中最常用的颜色方案是采用索引颜色,即用自然数表示颜色,共有 255 种颜色,其中 1～7 号为标准颜色,它们是:1 表示红色、2 表示黄色、3 表示绿色、4 表示青色、5 表示蓝色、6 表示洋红、7 表示白色(如果绘图背景的颜色是白色,7 号颜色显示成黑色)。

4. 图层

图层是分类管理图形中对象的 CAD 工具。通过 AutoCAD 制作的电子图纸,可假想为由若干无厚度的透明胶片(图层)重叠而成。所以,图层相当于多层"透明纸"重叠而成,如图5-1所

示。先在上面绘制图形,然后将纸一层层重叠起来,构成最终的图形。在 AutoCAD 中,图层的功能和用途很强大,用户可以根据需要创建很多图层,然后将图形对象放在不同图层上,以此来管理图形对象。

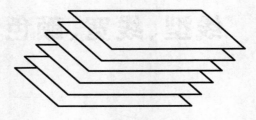

图 5-1　"图层"示意图

图层具有以下特点:

①用户可以在一幅图中指定任意数量的图层。系统对图层数没有限制,对每一图层上的对象数也没有任何限制。

②每一图层有一个名称,以加以区别。当开始绘一幅新图时,AutoCAD 自动创建名称为 0 的图层,这是 AutoCAD 的默认图层,其余图层需用户来定义。

③一般情况下,位于一个图层上的对象应该是一种绘图线型,一种绘图颜色。用户可以改变各图层的线型、颜色等特性。

④虽然 AutoCAD 允许用户建立多个图层,但只能在当前图层上绘图。

⑤各图层具有相同的坐标系和相同的显示缩放倍数。用户可以对位于不同图层上的对象同时进行编辑操作。

⑥用户可以对各图层进行打开、关闭、冻结、解冻、锁定与解锁等操作,以决定各图层的可见性与可操作性。

有了图层,用户就可以将一张图上的不同性质的实体分别画在不同的层上,即分层操作,既便于管理和修改,还可加快绘图速度、节省存储空间。

5.2　线型设置

设置新绘图形的线型。

命令调用方式:

下拉菜单:【格式】|【线型】

命　令　行:LINETYPE

执行命令后,弹出"线型管理器"对话框。可通过其确定绘图线型和线型比例等。用户可以单击【显示细节】按钮来显示更多的详细信息,如图 5-2 所示。

如果线型列表框中没有列出需要的线型,则应从线型库加载它(AutoCAD 为用户提供了一个标准线型库,该线型库文件名为"acadiso. lin")。单击【加载】按钮,弹出图 5-3 所示的"加载或重载线型"对话框,从中选择要加载的线型并加载。

"线型管理器"对话框常用于调整非连续线(如点画线和虚线等)的线型比例,以解决点画线或虚线的线段长度及间距问题(太小或太大甚至看不出是点画线和虚线),使点画线和虚线的线段长度及间距符合行业绘图习惯。

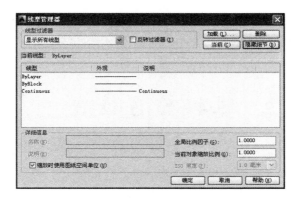

图 5-2　"线型管理器"对话框

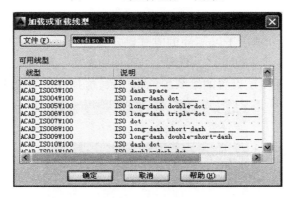

图 5-3　"加载或重载线型"对话框

5.3　线宽设置

设置新绘图形的线宽。

命令调用方式：

下拉菜单：【格式】|【线宽】

命　令　行：LWEIGHT

执行命令后，弹出"线宽设置"对话框，如图 5-4 所示。

图 5-4　"线宽设置"对话框

列表框中列出了 AutoCAD 2023 提供的 20 余种线宽,用户可从中在"随层(Bylayer)""随块(ByBlock)"或某一具体线宽之间选择。其中,"随层"表示绘图线宽始终与图形对象所在图层设置的线宽一致,这也是最常用到的设置。还可以通过此对话框进行其他设置,如单位、显示比例等。

5.4 颜 色 设 置

设置新绘图形的颜色。

命令调用方式:

下拉菜单:【格式】|【颜色】

命 令 行:COLOR

执行命令后,弹出"选择颜色"对话框,如图 5-5 所示。对话框中有"索引颜色""真彩色""配色系统"3 个选项卡,分别用于以不同的方式确定绘图颜色。在"索引颜色"选项卡中,用户可以将绘图颜色设为随层(ByLayer)、随块(ByBlock)或某一具体颜色。其中,随层指所绘对象的颜色总是与对象所在图层设置的绘图颜色相一致,这是最常用到的设置。

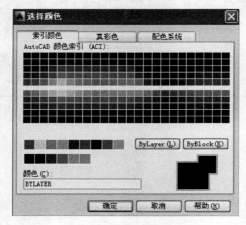

图 5-5 "选择颜色"对话框

5.5 图 层 管 理

命令调用方式:

功 能 区:【默认】|【图层】|【图层特性】

下拉菜单:【格式】|【图层】

命 令 行:LAYER(简写 LA)

工 具 栏:【图层】|"图层特性管理器"

执行命令后,弹出图 5-6 所示的"图层特性管理器"选项板。【图层特性管理器】选项板用于新建图层、删除图层、修改图层特性和重命名图层等操作。用户可通过【图层特性管理器】选项板建立新图层,为图层设置线型、颜色、线宽及其他操作等。

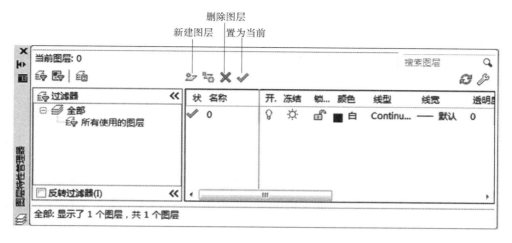

图 5-6　"图层特性管理器"选项板

1. 新建图层

创建新图层。列表将显示名为"图层 1"的图层。该名称处于选定状态,因此可以立即输入新图层名。新图层将继承图层列表中当前选定图层的特性(颜色、开或关状态等)。

2. 置为当前

将选定图层设置为当前图层。

3. 删除图层

从图形文件定义中删除选定图层。只能删除未被参照的图层。参照的图层包括 0 层、包含对象(包括块定义中的对象)的图层、当前图层以及依赖外部参照的图层。

注意:新建的图层将默认与上一个图层的颜色、线型和线宽相同。

4. 图层的开/关、冻结、锁定

(1)开/关

打开和关闭选定图层。当图层打开时,可见并且可以打印。当图层关闭时,不可见并且不能打印(即使已打开"打印"选项),参加重生成、消隐和渲染。打开和关闭图层时,不会引起图形的重生成。

(2)冻结/解冻

冻结所有视口中选定的图层,包括"模型"选项卡。可以冻结图层来提高 ZOOM、PAN 和其他若干操作的运行速度,提高对象选择性能并减少复杂图形的重生成时间。将不会显示、打印、消隐、渲染或重生成冻结图层上的对象。冻结希望长期不可见的图层。如果计划经常切换可见性设置,可使用"开/关"设置,以避免不断引起图形重生成。可以在所有视口、当前布局视口或新的布局视口中(在其被创建时)冻结某一个图层。

解冻一个或多个图层会导致图形重新生成。冻结和解冻图层比打开和关闭图层需要更多的时间。

注意:不能冻结当前层,也不能将冻结层改为当前层,否则将会显示警告信息对话框。

(3)锁定

锁定某个图层时,在解锁该图层之前,无法修改该图层上的所有对象。锁定图层可以降低意外误修改对象的可能性。用户仍然可以将对象捕捉应用于锁定图层上的对象,且可以执行不会修改这些对象的其他操作。

可以将对象淡入到锁定图层,以使它们比其他对象显示得更加模糊。这有两种用途:一是可以轻松查看锁定图层上的对象;二是可以降低图形的视觉复杂程度,但仍保留视觉参照和对锁定图层上对象的对象捕捉功能。

5.6　设　置　图　层

图层、颜色、线型和线宽是 AutoCAD 绘图环境的重要组成部分。因此,应创建足够的图层,以便在相应图层上进行绘图。为了满足《CAD 工程制图规则》(GB/T 18229—2000)和《机械工程 CAD 制图规则》(GB/T 14665—2012)规定,在【图层】工具栏中单击【图层特性管理器】按钮,打开【图层特性管理器】选项板,表 5-1 为机械图样常用图层设置,可设置图层名称、颜色、线型和线宽特性,其中"2 细实线"层用于细实线、波浪线和双折线绘制,结果如图 5-7 所示。

表 5-1　机械图样常用图层设置

标识号	描述	颜色	线型	线宽	线型比例
1	粗实线	白色	Continuous	0.5	
2	细实线	绿色	Continuous	0.25	
3	点画线	红色	CENTER2	0.25	0.3
4	虚线	黄色	HIDDEN	0.25	0.5
5	文字和尺寸	青色	Continuous	0.25	
6	剖面符号	蓝色	Continuous	0.25	
7	双点画线	洋红色(即粉红色)	PHANTOM2	0.25	0.3

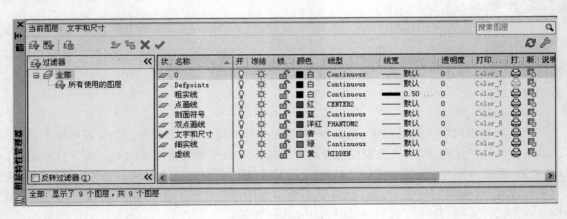

图 5-7　创建图层示例

5.7　【图层】工具栏和【特性】工具栏

【图层】工具栏和【特性】工具栏可创建新图层、设置颜色、设置线型、设置线宽以及图层状态的控制,如图 5-8 和图 5-9 所示。

单击【图层】工具栏中的【图层特性管理器】按钮,将弹出"图层特性管理器"对话框。

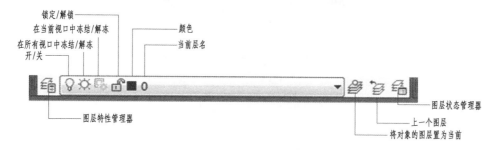

图 5-8 【图层】工具栏

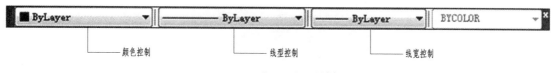

图 5-9 【特性】工具栏

【特性】工具栏的主要功能有:

(1)"颜色控制"下拉列表框

该下拉列表框用于设置绘图颜色。用户可通过该下拉列表设置绘图颜色(一般应选择"随层"),或修改当前图形的颜色。

修改图形对象颜色的方法是:首先选择图形,然后在图 5-9 所示的颜色控制列表中选择对应的颜色。如果单击列表中的"选择颜色"选项,弹出"选择颜色"对话框,供用户选择。

(2)"线型控制"下拉列表框

该下拉列表框用于设置绘图线型。用户可通过该下拉列表设置绘图线型(一般应选择"随层"),或修改当前图形的线型。

修改图形对象线型的方法是:选择对应的图形,然后在图 5-9 所示的线型控制列表中选择对应的线型。如果单击列表中的"其他"选项,弹出"线型管理器"对话框,供用户选择。

(3)"线宽控制"下拉列表框

该下拉列表框用于设置绘图线宽。用户可通过该列表设置绘图线宽(一般应选择"随层"),或修改当前图形的线宽。

修改图形对象线宽的方法是:选择对应的图形,然后在线宽控制列表中选择对应的线宽。

5.8 【特性】选项板

【特性】选项板用于显示和改变对象特性,包括图层、颜色、线型、线型比例和线宽等基本特性及其几何特性,如图 5-10 所示。

命令调用方式:

功 能 区:【默认】|【特性】| ↘

功 能 区:【视图】|【选项板】|【特性】

命 令 行:PROPERTIES(简写 CH、MO 或 PR)

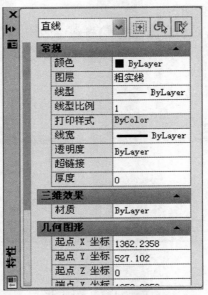

图 5-10 【特性】选项板

下拉菜单:【工具】|【选项板】|【特性】

下拉菜单:【修改】|【特性】

工 具 栏:【标准】|"特性"

快 捷 键:Ctrl + 1

执行命令后,弹出【特性】选项板。与其他选项板一样,【特性】选项板可被移动位置和调整大小(打开时自动与上一次位置和大小相同)。在【特性】选项板中,选择对象的特性并修改,关闭其选项板为确认,按【Esc】键去除夹点。

5.9 特 性 匹 配

特性匹配是将选定对象的特性应用到其他对象(同 Word 软件中的"格式刷"功能)。

命令调用方式:

功 能 区:【默认】|【剪贴板】|【特性匹配】

下拉菜单:【修改】|【特性匹配】

命 令 行:MATCHPROP(简写 MA)

工 具 栏:【标准】|"特性匹配"

执行命令后,选择源对象,然后选择目标对象,完成特性匹配。

5.10 设置绘图区域的背景颜色

为了提高绘图效率和界面效果,可在"选项"对话框中对 AutoCAD 系统环境进行设置。

命令调用方式:

命 令 行:OPTIONS(简写 OP)

下拉菜单:【工具】|【选项】

右击绘图区,在弹出的快捷菜单中选择【选项】命令。

执行命令后,弹出"选项"对话框(图 5-11),其中"显示"选项卡用于设置 AutoCAD 显示属性,包括窗口元素(如界面背景颜色)、布局元素、显示精度、十字光标大小、显示性能等。单击【颜色】按钮,弹出"图形窗口颜色"对话框,用户可以对绘图区域的背景颜色进行相应设置。

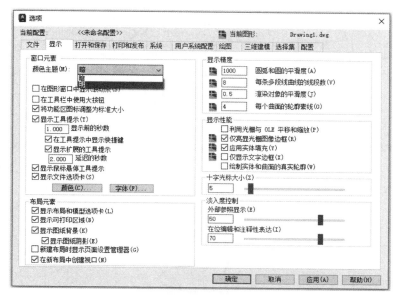

(a) 设置界面背景颜色

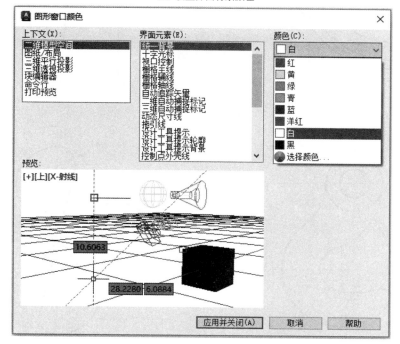

(b) 设置绘图区域的背景颜色

图 5-11　"选项"对话框和"图形窗口颜色"对话框

练 习 题

设置图层，绘制图 5-12 所示图形。

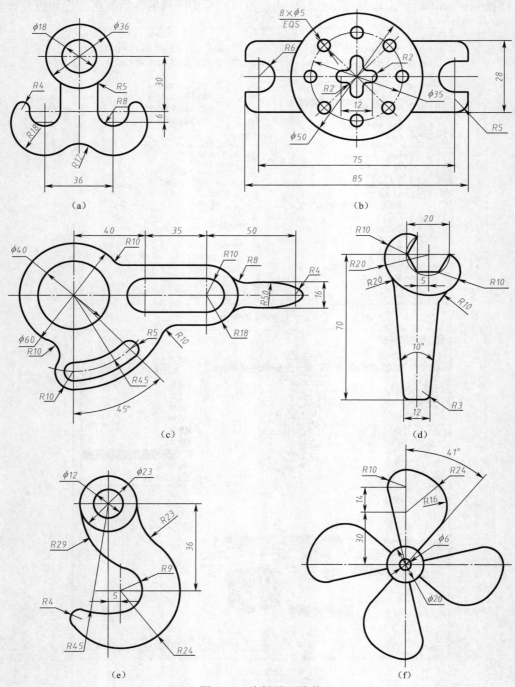

（a）

（b）

（c）

（d）

（e）

（f）

图 5-12　绘制平面图形

第6章　图形显示控制和精确绘图

💻 学习目的与要求

　　AutoCAD 提供了多种显示控制图形的方法,帮助用户准确、快捷地观察图形和绘制图形。要求:

　　(1)掌握缩放和平移的显示操作方法;

　　(2)熟练掌握鼠标滚轮的操作方法;

　　(3)掌握设置和启用"极轴追踪""对象捕捉""对象捕捉追踪"等精确定位绘图的辅助工具。

6.1　缩放和平移

　　通过缩放和平移图形的显示控制功能,可以使用户在绘制与编辑图形的过程中,灵活地观察图形的整体效果或局部细节。

　　1. 缩放

　　缩放是指放大或缩小屏幕上的图形显示效果,其【视图】工具 ZOOM 命令(显示缩放)与【修改】工具 SCALE 命令(比例缩放)有着本质区别,ZOOM 命令改变视觉效果而不改变图形对象的真实尺寸,其作用类似于摄像机的变焦镜头。

　　命令调用方式:

　　功 能 区:【视图】|【二维导航】

　　下拉菜单:【视图】|【缩放】

　　命 令 行:ZOOM(简写 Z)

　　工 具 栏:【缩放】和【标准】

　　图 6-1 所示为【缩放】子菜单(位于【视图】下拉菜单),图 6-2 所示为【缩放】工具图标按钮。利用它们可实现对应的缩放。

　　2. 平移

　　平移是使当前图形相对于窗口移动(相当于用手移动图纸,而不改变图形在图纸上的位置)。

　　命令调用方式:

　　功 能 区:【视图】|【二维导航】|【平移】

　　下拉菜单:【视图】|【平移】(在其级联菜单中选择,如图 6-3 所示)

　　命 令 行:PAN(简写 P)

工 具 栏:【标准】| 🖐

快捷菜单:在图形窗口空白处右击(不选中任何对象)|【平移】

执行【平移】命令后,光标变为手形。此时,可通过拖动鼠标来移动整个图形。要退出"平移"模式,按【Esc】键或【Enter】键,或右击,在弹出的快捷菜单中选择【退出】命令。

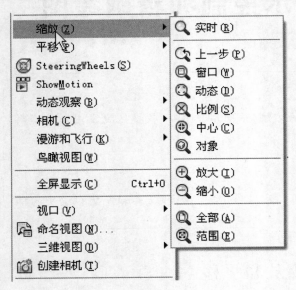

图 6-1　【缩放】子菜单　　　　　图 6-2　快捷菜单中的"平移"和"缩放命令"

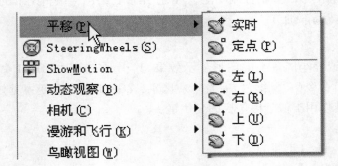

图 6-3　【平移】子菜单

6.2　鼠标滚轮操作

在 AutoCAD 中,可以控制鼠标滚轮(或中键)的动作响应,见表 6-1。

表 6-1　鼠标滚轮操作

序号	滚轮功能（默认）	操作
1	缩放,放大/缩小	向前/向后转动滚轮
2	缩放到图形范围（图形最大）	双击滚轮
3	平移	按住滚轮并拖动鼠标

6.3　精确定位绘图工具

在 AutoCAD 中设计和绘制图形时,如果对图形尺寸比例要求不太严格,可以大致输入图形的尺寸,这时可用鼠标在图形区域直接拾取和输入。但是,有的图形对尺寸要求比较严格,要求绘图时必须严格按给定的尺寸绘图。实际上,用户不仅可以通过常用的指定点的坐标法来绘制图形,而且还可以使用系统提供的【捕捉】、【对象捕捉】、【对象追踪】等功能,在不输入坐标的情况下快速、精确地绘制图形。这些工具主要集中在状态栏上,如图 6-4 所示。

图 6-4　精确定位绘图工具

6.3.1　栅格显示 ⊞、栅格捕捉 ⠿

1. 栅格显示 ⊞

栅格显示是指在屏幕上显式分布一些按指定行间距和列间距排列的栅格点,就像在屏幕上铺了一张坐标纸。用户可根据需要设置是否启用栅格捕捉和栅格显示功能,还可以设置相应的间距。

命令调用方式:

下拉菜单:【工具】|【草图设置】或【绘图设置】

状 态 栏:【栅格】按钮(仅限于打开与关闭)

功 能 键:F7(仅限于打开与关闭)

快捷菜单:将光标置于【栅格】按钮上右击,在弹出的快捷菜单中选择【设置】命令

2. 栅格捕捉 ⠿

利用栅格捕捉,可以使光标在绘图窗口按指定的步距移动,就像在绘图屏幕上隐含分布着按指定行间距和列间距排列的栅格点,这些栅格点对光标有吸附作用,即能够捕捉光标,使光标只能落在由这些点确定的位置上,从而使光标只能按指定的步距移动。所以,用户能够高精确度地捕捉和选择这个栅格上的点。

命令调用方式:

下拉菜单:【工具】|【草图设置】

状 态 栏:【捕捉】按钮(仅限于打开与关闭)

功 能 键:F9(仅限于打开与关闭)

快捷菜单:将光标置于【捕捉】按钮上右击,在弹出的快捷菜单中选择【设置】命令

选择【工具】|【草图设置】命令,弹出"草图设置"对话框,选择"捕捉和栅格"选项卡,设置栅格捕捉、栅格显示,如图 6-5 所示。在对话框中"启用捕捉""启用栅格"复选框分别用于起用捕捉和栅格功能。"捕捉间距""栅格间距"选项组分别用于设置捕捉间距和栅格间距。用户可通过此对话框进行其他设置。

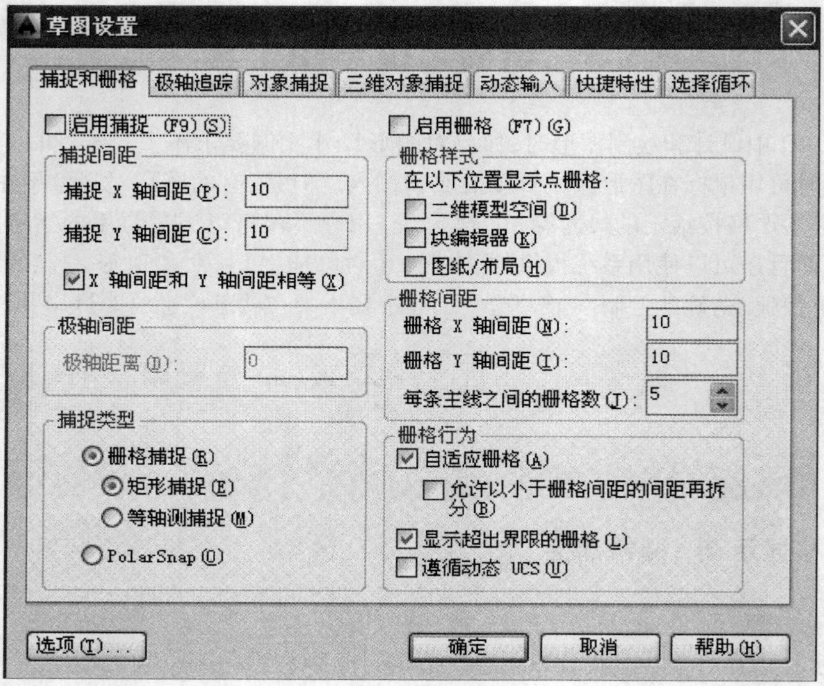

图 6-5 "草图设置"对话框中的"捕捉和栅格"选项卡

6.3.2 正交绘图 ⌐

在用 AutoCAD 绘图的过程中,经常需要绘制水平直线和垂直直线,但是用鼠标拾取线段的端点时很难保证两个点严格沿着水平或垂直方向,为此,AutoCAD 提供了"正交"功能,当启用正交模式时,画线或移动对象时只能沿水平方向或垂直方向移动光标,因此只能画平行于坐标轴的正交线段。

命令调用方式:

命 令 行:ORTHO

状 态 栏:【正交】按钮 ⌐

功 能 键:F8

6.3.3 对象捕捉 ⌑

在 AutoCAD 中,自动追踪功能是一个非常有用的辅助绘图工具,使用它可按指定角度绘制对象,或者绘制与其他对象有特定关系的对象。

自动追踪功能有两种:极轴追踪 ⊘ 和对象捕捉追踪 ∠ 。

1. 设置对象捕捉

命令调用方式:

下拉菜单:【工具】|【绘图设置】

命 令 行:DDOSNAP/DSETTINGS

状 态 栏:【对象捕捉】按钮(功能仅限于打开与关闭)

功 能 键:F3(功能仅限于打开与关闭)

快捷菜单:将光标置于【对象捕捉】按钮上右击,在弹出的快捷菜单中选择【设置】命令

执行命令后,弹出"草图设置"对话框,选择"对象捕捉"选项卡,"启用对象捕捉""启用对象捕捉追踪"复选框分别用于起用捕捉和追踪功能,同时可以设置对象捕捉模式,如图 6-6所示。

2. 对象捕捉的方法和模式

(1)对象捕捉方法

AutoCAD 提供了 4 种执行对象捕捉的方法:

①利用"草图设置"对话框中的"对象捕捉"选项卡进行对象捕捉的模式设置,如图 6-6所示。

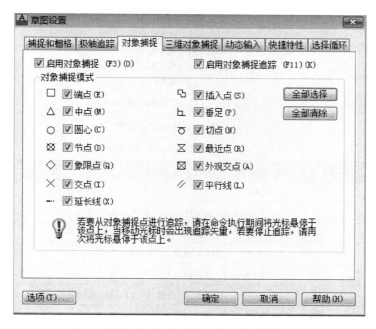

图 6-6 "草图设置"对话框中的"对象捕捉"选项卡

②利用【对象捕捉】工具栏实现对象捕捉,工具栏如图 6-7 所示。

图 6-7 【对象捕捉】工具栏

③利用【对象捕捉】快捷菜单实现对象捕捉,如图 6-8 所示。

④利用命令行中输入关键字实现对象捕捉。常用对象捕捉模式的名称、按钮、关键字和功能见表 6-2。

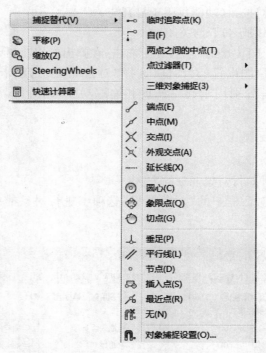

图 6-8 【对象捕捉】快捷菜单

表 6-2 常用"对象捕捉"模式

名称	按钮	关键字	功 能
捕捉自		FROM	指定一点为基点，用于确定另一点
捕捉到端点		END	捕捉线段和圆弧等对象的端点
捕捉到中点		MID	捕捉线段和圆弧等对象的中点
捕捉到交点		INT	捕捉线段、圆弧和圆等对象的交点
捕捉到圆心		CEN	捕捉圆、圆弧、椭圆和椭圆弧的圆心
捕捉到象限点		QUA	捕捉圆、圆弧、椭圆和椭圆弧的象限点
捕捉到切点		TAN	捕捉切点
捕捉到垂足		PER	捕捉垂足
捕捉到平行线		PAR	捕捉与指向对象平行的线上的一点
捕捉到节点		NOD	捕捉用 POINT 和 DIVIDE 等命令生成的节点
捕捉到最近点		NEA	捕捉离拾取点最近的对象上的点

（2）对象捕捉模式

对象捕捉模式有两种：临时捕捉和自动捕捉。

①临时捕捉。临时捕捉仅对一次捕捉有效，即每捕捉一个特征点都要先选择捕捉模式。在图形的特征点较多而不易自动捕捉时，应采用临时捕捉模式。通过【对象捕捉】工具栏、【对象捕捉】快捷菜单、命令行中输入关键字的对象捕捉方式都是临时捕捉。

注意：要显示【对象捕捉】工具栏，在任意工具栏图标上右击，或在状态栏"对象捕捉"按钮上右击，在弹出的快捷菜单中选择显示【对象捕捉】工具栏（图 6-7）。当用户绘图需要临时捕捕特征点时,单击其工具栏上所需特征点按钮,再把光标移动到要捕捉对象的特征点附近,即可捕捉到特征点。

②自动捕捉。自动捕捉是预先将频繁需要捕捉的特征点设置为一直处于激活状态,在光标移动到对象特征点的捕捉范围时,AutoCAD 将自动显示捕捉标记,然后单击则自动捕捉到其特征点。单击状态栏中的【对象捕捉】按钮使其处于亮显状态,即启用自动捕捉。要设置自动捕捉特征点,通常将光标置于【对象捕捉】按钮上右击,在弹出的快捷菜单中选择【设置】命令,然后在弹出对话框的【对象捕捉】选项卡中选择设置即可(图 6-6)。

当同时使用多种方式时,系统将捕捉距十字光标最近、满足多种目标捕捉方式之一的点。当十字光标距要获取的点非常近时,按【Shift】键将暂时不捕捉对象。

例 6.1　已知两个直径分别为 40 和 24 的圆,如图 6-9(a)所示,绘制出它们的公切线,如图 6-9(b)所示。

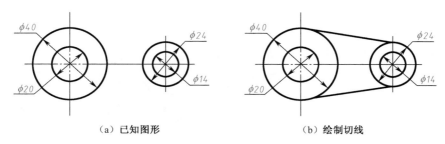

（a）已知图形　　　　　　　　　（b）绘制切线

图 6-9　绘制两圆的切线

操作步骤:

①单击【直线】命令。

②按住【Shift】键在绘图区空白处右击,在弹出的快捷菜单中选择【切点】命令,如图 6-10(a)所示。

③移动光标靠近直径为 40 的圆,当光标移动到圆上时,光标下方会出现切点符号,如图 6-10(b)所示,单击即可。

④移动鼠标到绘图区空白处点击,在弹出的快捷菜单中选择【切点】命令,如图 6-10(c)所示。

⑤移动光标靠近直径为 24 的圆,当光标移动到圆上时,光标下方会出现切点符号,如图 6-10(d)所示,单击即可。

⑥结果如图 6-10(e)所示,按照以上同样的操作可绘制出第 2 条切线,最终结果如图 6-10(f)所示。

例 6.2　绘制阿基米德螺旋线,如图 6-11 所示。

操作步骤:

①绘制大圆。

命令:CIRCLE↙

指定圆的圆心或 [三点(3P)/两点(2P)/切点、切点、半径(T)]: // 拾取圆心位置

指定圆的半径或 [直径(D)] <0.1330 >:80↙　　　　　　　　// 结果如图 6-11(a)所示

②绘制直线并阵列直线。

命令:LINE↙

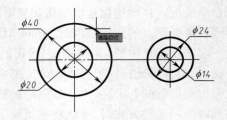

（a）选择快捷菜单中的【切点】命令　　　　　　　　（b）出现切点符号后单击

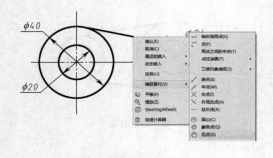

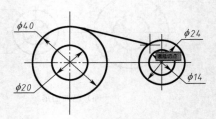

（c）选择快捷菜单中的【切点】命令　　　　　　　　（d）出现切点符号后单击

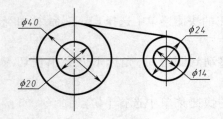

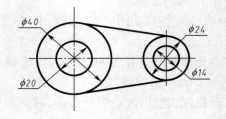

（e）绘制第1条切线　　　　　　　　　　　（f）绘制第2条切线

图 6-10　绘制切线的步骤

指定第一个点：　　　　　　　　　　　　　//捕捉圆的圆心
指定下一点或［放弃(U)］：　　　　　　　　//捕捉象限点
指定下一点或［放弃(U)］：↙　　　　　　　//结束
命令：ARRAYPOLAR↙
选择对象：　　　　　　　　　　　　　　　//选择直线
类型 = 极轴　关联 = 是
指定阵列的中心点或［基点(B)/旋转轴(A)］：
选择夹点以编辑阵列或［关联(AS)/基点(B)/项目(I)/项目间角度(A)/填充角度(F)/行(ROW)/层(L)/旋转项目(ROT)/退出(X)］<退出>：I↙
输入阵列中的项目数或［表达式(E)］<4>：8↙
选择夹点以编辑阵列或［关联(AS)/基点(B)/项目(I)/项目间角度(A)/填充角度(F)/行(ROW)/

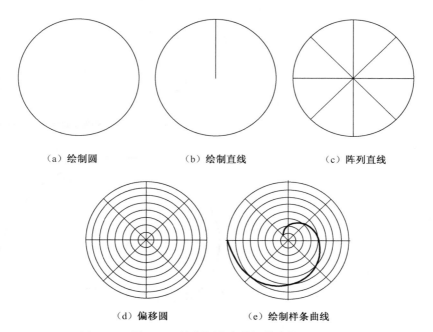

（a）绘制圆　　　　　　　（b）绘制直线　　　　　　　（c）阵列直线

（d）偏移圆　　　　　　　（e）绘制样条曲线

图 6-11　绘制阿基米德螺线步骤

层(L)／旋转项目(ROT)／退出(X)] ＜退出＞：↙　　　　　　//结束,结果如图 6-11(c)所示

　③偏移大圆生成各个小圆。

命令：OFFSET↙

当前设置：删除源＝否　图层＝源　OFFSETGAPTYPE＝0

指定偏移距离或 [通过(T)／删除(E)／图层(L)] ＜通过＞:10↙

选择要偏移的对象,或 [退出(E)／放弃(U)] ＜退出＞：　　　　//选择圆

指定要偏移的那一侧上的点,或 [退出(E)／多个(M)／放弃(U)] ＜退出＞://单击偏移位置;选择圆和单击

偏移位置操作重复 7 次,结果如图 6-11(d)所示

　④绘制样条曲线。

命令：SPLINE↙

当前设置：方式＝拟合　节点＝弦

指定第一个点或 [方式(M)／节点(K)／对象(O)]：　　　　　　//捕捉第 1 个点

输入下一个点或 [起点切向(T)／公差(L)]：　　　　　　　　//捕捉第 2 ~8 个点

输入下一个点或 [端点相切(T)／公差(L)／放弃(U)／闭合(C)]：↙　//结束,结果如图 6-11(e)所示

　例 6.3　绘制渐开线,如图 6-12 所示。

　操作步骤：

　①绘制大圆。

命令：CIRCLE↙

指定圆的圆心或 [三点(3P)／两点(2P)／切点、切点、半径(T)]：　　//拾取圆心位置

指定圆的半径或 [直径(D)] ＜0.1330＞:80↙　　　　　　　//结果如图 6-12(a)所示

　②绘制直线并阵列直线。

命令：LINE↙

指定第一个点：　　　　　　　　　　　　　　　　　　　//捕捉圆的圆心

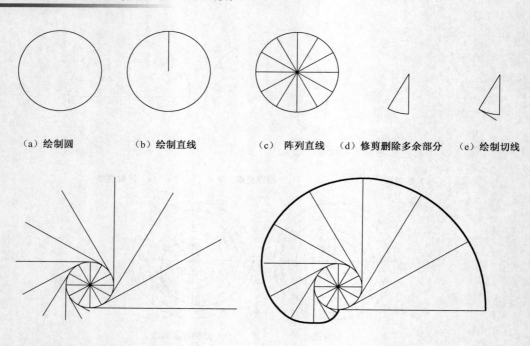

（a）绘制圆　　　　（b）绘制直线　　　　（c）　阵列直线　　（d）修剪删除多余部分　　（e）绘制切线

（f）依次绘制渐开线的12个位置的发生线　　　　　　　（g）绘制渐开线

图 6-12　绘制渐开线的过程

指定下一点或［放弃(U)］:　　　　　　　　　　　　　　// 捕捉象限点
指定下一点或［放弃(U)］:✓　　　　　　　　　　　　　// 结果如图 6-12(b)所示
命令: ARRAYPOLAR✓
选择对象:　　　　　　　　　　　　　　　　　　　　　　// 选择直线
类型 = 极轴　关联 = 是
指定阵列的中心点或［基点(B)/旋转轴(A)］:
选择夹点以编辑阵列或［关联(AS)/基点(B)/项目(I)/项目间角度(A)/填充角度(F)/行(ROW)/
层(L)/旋转项目(ROT)/退出(X)］<退出 >:I✓
输入阵列中的项目数或［表达式(E)］<4 >:12✓
选择夹点以编辑阵列或［关联(AS)/基点(B)/项目(I)/项目间角度(A)/填充角度(F)/行(ROW)/
层(L)/旋转项目(ROT)/退出(X)］<退出 >:✓　　　　　　// 结束,结果如图 6-12(c)所示
　③复制并修剪圆弧删除多余图线。
命令: TRIM✓
当前设置:投影 = UCS,边 = 无
选择剪切边 ...
选择对象或 <全部选择 >:　　　　　　　　　　　　　　// 选择修剪边界
选择要修剪的对象,或按住 Shift 键选择要延伸的对象,或[栏选(F)/窗交(C)/投影(P)/边(E)/删
除(R)/放弃(U)］:　　　　　　　　　　　　　　　　　　// 选择修剪的对象
选择要修剪的对象,或按住 Shift 键选择要延伸的对象,或[栏选(F)/窗交(C)/投影(P)/边(E)/删
除(R)/放弃(U)］:✓
命令: ERASE✓
选择对象:　　　　　　　　　　　　　　　　　　　　　　// 选择删除对象
选择对象:✓　　　　　　　　　　　　　　　　　　　　　　// 结束,结果如图 6-12(d)所示

④生成扇形面域,并查询其周长。

命令：REGION↙

选择对象：　　　　　　　　　　　　　　　　　　　// 选择圆弧和直线

已提取 1 个环

已创建 1 个面域

命令：MEASUREGEOM↙

输入选项［距离(D)／半径(R)／角度(A)／面积(AR)／体积(V)］＜距离＞:AR↙

指定第一个角点或［对象(O)／增加面积(A)／减少面积(S)／退出(X)］＜对象(O)＞:A↙

指定第一个角点或［对象(O)／减少面积(S)／退出(X)］:O↙

（"加"模式）选择对象：　　　　　　　　　　　　　// 选择扇形面域

区域 ＝ 1675.5161,修剪的区域 ＝ 0.0000 ,周长 ＝ 201.8879

总面积 ＝ 1675.5161

// 扇形的周长为201.8879,计算该扇形弧长＝周长－2×半径＝201.8879－2×80＝41.8879

⑤依次绘制渐开线的 12 个位置的发生线。

命令：LINE↙

指定第一个点：　　　　　　　　　　　　　　　　// 捕捉圆上的第 1 点

指定下一点或［放弃(U)］:@41.8879＜－30↙

指定下一点或［放弃(U)］:↙　　　　　　　　　　// 结束,结果如图 6-12(e)所示

命令：LINE↙

指定第一个点：　　　　　　　　　　　　　　　　// 捕捉圆上的第 2 点

指定下一点或［放弃(U)］:@83.7758＜－60↙

指定下一点或［放弃(U)］:↙

命令:LINE↙

指定第一个点：　　　　　　　　　　　　　　　　// 捕捉圆上的第 3 点

指定下一点或［放弃(U)］:@125.6637＜－90↙

指定下一点或［放弃(U)］:↙

命令：LINE↙

指定第一个点：　　　　　　　　　　　　　　　　// 捕捉圆上的第 4 点

指定下一点或［放弃(U)］:@167.5516＜－120↙

指定下一点或［放弃(U)］:↙

命令：LINE↙

指定第一个点：　　　　　　　　　　　　　　　　// 捕捉圆上的第 5 点

指定下一点或［放弃(U)］:@209.4395＜－150↙

指定下一点或［放弃(U)］:↙

命令：LINE↙

指定第一个点：　　　　　　　　　　　　　　　　// 捕捉圆上的第 6 点

指定下一点或［放弃(U)］:@251.3274＜－180↙

指定下一点或［放弃(U)］:↙

命令:LINE↙

指定第一个点：　　　　　　　　　　　　　　　　// 捕捉圆上的第 7 点

指定下一点或［放弃(U)］:@293.2153＜150↙

指定下一点或［放弃(U)］:↙

命令:LINE↙

指定第一个点: //捕捉圆上的第 8 点

指定下一点或 [放弃(U)]:@335.1032 <120✓

指定下一点或 [放弃(U)]:✓

命令:LINE✓

指定第一个点: //捕捉圆上的第 9 点

指定下一点或 [放弃(U)]:@376.9911 <90✓

指定下一点或 [放弃(U)]:✓

命令:LINE✓

指定第一个点: //捕捉圆上的第 10 点

指定下一点或 [放弃(U)]:@418.879 <60✓

指定下一点或 [放弃(U)]:✓

命令:LINE✓

指定第一个点: //捕捉圆上的第 11 点

指定下一点或 [放弃(U)]:@460.7669 <30✓

指定下一点或 [放弃(U)]:✓

命令:LINE✓

指定第一个点: //捕捉圆上的第 12 点

指定下一点或 [放弃(U)]:@502.6548 <0✓

指定下一点或 [放弃(U)]:✓ //结束,结果如图 6-12(f)所示

⑥连接 13 个点,绘制渐开线。

命令:SPLINE✓

当前设置:方式 = 拟合   节点 = 弦

指定第一个点或 [方式(M)/节点(K)/对象(O)]: //捕捉圆上第 1 点

输入下一个点或 [起点切向(T)/公差(L)]: //捕捉直线 1 的端点

输入下一个点或 [端点相切(T)/公差(L)/放弃(U)]: //捕捉直线 2 的端点

输入下一个点或 [端点相切(T)/公差(L)/放弃(U)/闭合(C)]: //依次捕捉直线 3 ~12 的端点

输入下一个点或 [端点相切(T)/公差(L)/放弃(U)/闭合(C)]:✓ //结束,结果如图 6-12(g)所示

6.3.4 自动追踪

在 AutoCAD 中,自动追踪功能是一个非常有用的辅助绘图工具,使用它可按指定角度绘制对象,或者绘制与其他对象有特定关系的对象。

自动追踪功能有两种:极轴追踪和对象捕捉追踪。极轴追踪是按事先给定的角度增量追踪特征点;而对象捕捉追踪则按与对象的某种特定关系来追踪,这种特定关系确定了一个用户事先并不知道的角度。也就是说,如果事先知道要追踪的方向(角度),则使用极轴追踪;如果用户事先不知道具体的追踪方向(角度),但知道与其他对象的某种关系(如相交),则用对象捕捉追踪。极轴追踪和对象捕捉追踪可以同时使用。

注意:对象捕捉追踪必须与对象捕捉同时工作。也就是在追踪对象捕捉到点之前,必须先打开对象捕捉功能。

1. 极轴追踪设置

极轴追踪(即角度追踪)功能是在系统要求指定一个点时拖动光标,按预先设置的角度增量显示一条无限延伸的辅助线(这是一条虚线),这时就可以沿辅助线追踪得到所需要的点标点。

要对极轴追踪和对象捕捉追踪进行设置,可在"草图设置"对话框的"极轴追踪"选项卡中设置,如图 6-13 所示。

单击状态栏中的【极轴追踪】按钮使其处于亮显状态,即启用自动捕捉追踪。

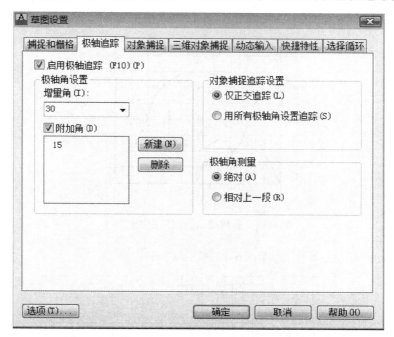

图 6-13　"草图设置"对话框中的"极轴追踪"选项卡

2. 对象捕捉追踪设置

对象捕捉追踪是按与基点的某特定关系追踪方向和位置。要启用"对象捕捉追踪",需要同时启用"对象捕捉"。按"对象捕捉"模式设置的特殊点确定对象捕捉追踪点。

单击状态栏中的【对象捕捉追踪】按钮使其处于亮显状态,即启用自动捕捉追踪。

注意:打开正交模式,光标将被限制沿水平或垂直方向移动。因此,正交模式和极轴追踪模式不能同时打开,若一个打开,另一个将自动关闭。

6.3.5　快捷键和组合键的使用

精确定位绘图工具的快捷键和组合键见表 6-3。

表 6-3　精确定位绘图工具的快捷键和组合键

精确定位绘图工具	快捷键	组合键
栅格捕捉	F9	Ctrl + B
栅格显示	F7	Ctrl + G
正交	F8	Ctrl + L
极轴追踪	F10	Ctrl + U
对象捕捉	F3	Ctrl + F
对象捕捉追踪	F11	—

练 习 题

1. 将栅格间距设置为 5，并绘制 图 6-14 所示的图形。

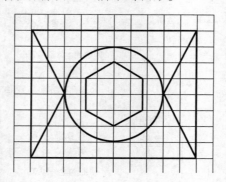

图 6-14　利用栅格绘制平面图形练习

2. 将栅格间距设置为 5，并绘制 图 6-15 所示的图形。

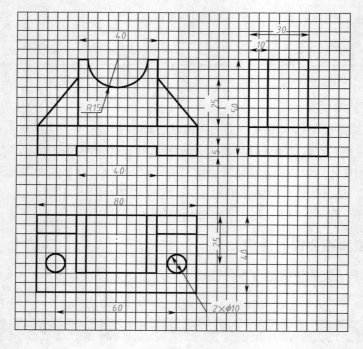

图 6-15　利用栅格绘制三视图练习

3. 绘制图 6-16 所示的图形,不注尺寸。

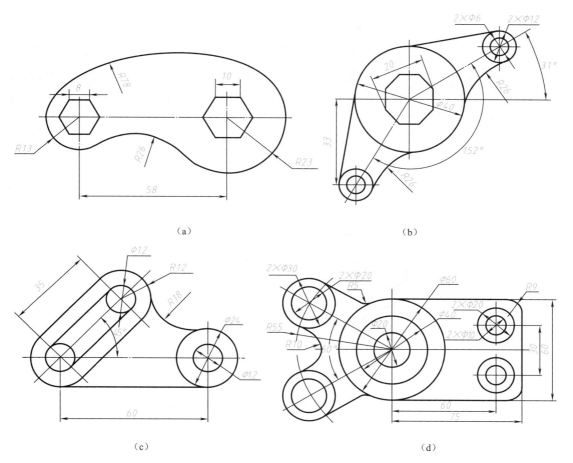

图 6-16　绘制图形

4. 绘制图 6-17 所示的平面图形,提示如图 6-18 所示。

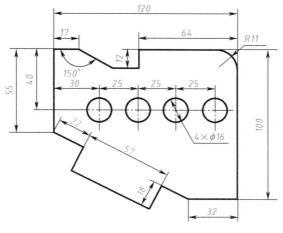

图 6-17　绘制平面图形

操作提示:

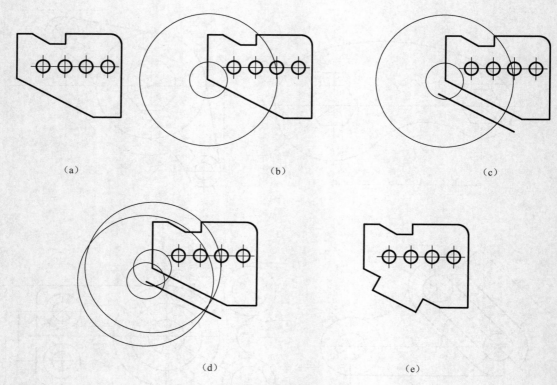

（a）　　　　　　　　　　　　（b）　　　　　　　　　　　　（c）

（d）　　　　　　　　　　　　　　（e）

图 6-18　平面图形绘制提示步骤

5. 绘制图 6-19 所示的图形,不注尺寸,提示如图 6-20 所示。

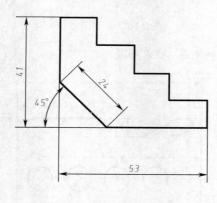

图 6-19　绘制图形

操作提示：

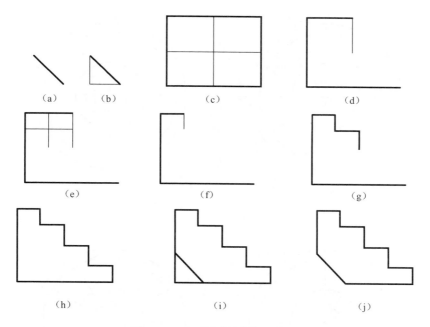

图 6-20　平面图形绘制提示步骤

6. 绘制图 6-21 所示的图形，不注尺寸，提示如图 6-22 所示。

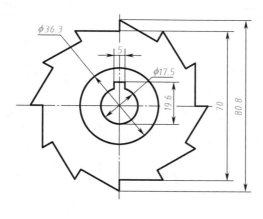

图 6-21　绘制铣刀

操作提示：

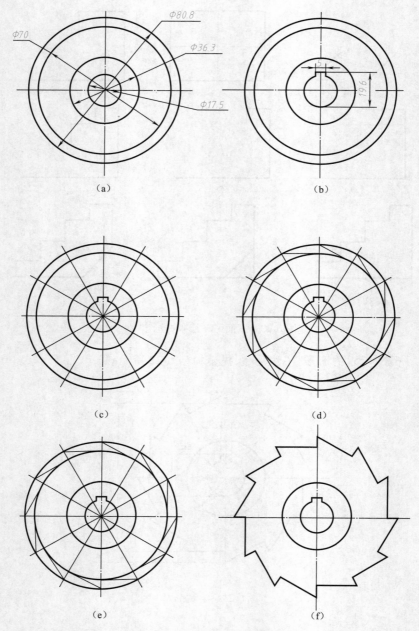

图 6-22　绘制铣刀提示步骤

第7章 文字和尺寸标注

📺 **学习目的与要求**

　　文字和尺寸是机械工程图样中的重要组成部分。在绘制图样时,不仅要绘出图形表示物体的结构形状,还要有尺寸表示物体的大小,用文字说明技术要求、文字注释、标题栏和明细表等信息。本章介绍 AutoCAD 的文字和尺寸标注。要求:

　　(1)掌握设置文字样式和尺寸标注样式;

　　(2)熟练应用不同文字样式输入和编辑文字;

　　(3)掌握尺寸标注、尺寸公差和几何公差的标注及其修改方法。

7.1　文字样式及字体

　　AutoCAD 图形中的文字是根据当前文字样式标注的。文字样式是一组可随图形保存的文字设置的集合,这些设置包括文字的字体、高度、倾斜角度和其他文字特征等。如果要使用其他文字样式来创建文字,可以将其他文字样式置为当前样式。

　　命令调用方式:

　　功　能　区:【默认】|【注释】|【文字样式】

　　功　能　区:【注释】|【文字】| ↘

　　下拉菜单:【格式】|【文字样式】

　　命　令　行:STYLE(简写 ST)

　　工　具　栏:【样式】或【文字】|"文字样式"🅰

　　当在 AutoCAD 中标注文字时,如果系统默认的文字样式不能满足国家制图标准或用户的要求,则应首先定义文字样式。执行命令后,弹出"文字样式"对话框,如图 7-1 所示。在"文字样式"对话框中,"样式"列表框中列有当前已定义的文字样式,AutoCAD 为用户提供了默认文字样式 Standard。用户可从中选择对应的样式作为当前样式或进行样式修改。"字体"选项组用于确定所采用的字体。"大小"选项组用于指定文字的高度。"效果"选项组用于设置字体的某些特征,如字的宽高比(即宽度因子)、倾斜角度、是否倒置显示、是否反向显示等。预览框组用于预览所选择或所定义文字样式的标注效果。【新建】按钮用于创建新样式。【置为当前】按钮用于将选定的样式设为当前样式。【应用】按钮用于确认用户对文字样式的设置。单击【确定】按钮,AutoCAD 关闭"文字样式"对话框。

　　"字体"选项区:用于设置文字样式的字体名、是否使用大字体及字体样式。"SHX 字体"下拉列表中有 SHX 字体和 True Type 字体的字体名。SHX 字体是 AutoCAD 本身编译存于 AutoCAD"Fonts"文件夹中的字体;True Type 字体是 Windows 系统提供的字体。

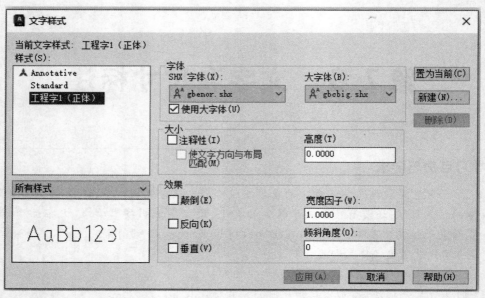

图 7-1　在"文字样式"对话框中定义"工程字 1（正体）"

注意：

①机械 CAD 工程制图中，通常需要设置两种文字样式："工程字 1"用于标注汉字和正体的字母和数字；"工程字 2"用于标注汉字和斜体的字母与数字，如图 7-2 所示。AutoCAD 提供了符合国家制图标准的汉字、字母与数字的字体，其中 gbenor. shx 用于标注正体的字母与数字；gbeitc. shx 用于标注斜体的字母与数字；gbcbig. shx 用于标注长仿宋体汉字。

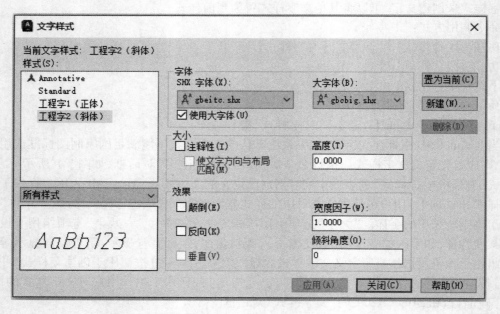

图 7-2　在"文字样式"对话框中定义"工程字 2（斜体）"

②gbenor. shx、gbeitc. shx、gbcbig. shx 三种字体符合国家标准规定，因此，这三种字体的"宽度因子"为 1 且"倾斜角度"为 0（默认值）。

7.2　文字标注

7.2.1　单行文字

可以使用单行文字创建一行或多行文字,其中,每行文字都是独立的对象,可对其进行重定位、调整格式或进行其他修改。

命令调用方式:

功　能　区:【常用】|【注释】|【文字】|【单行文字】

功　能　区:【注释】|【文字】|【单行文字】

下拉菜单:【绘图】|【文字】|【单行文字】

命　令　行:DTEXT 或 TEXT（简写 DT）

工　具　栏:【文字】|"单行文字"A|

结束时:按两次【Enter】键。

在文字输入时,常要用到一些不能从键盘上直接输入的特殊符号,AutoCAD 提供了替代形式的控制码,见表 7-1。

表 7-1　控制码所对应的特殊符号

控制码	特殊符号	功能	举例说明
%%d	°	输入度"°"	例如 45°,输入为"%%d45"
%%c	φ	输入直径"φ"	例如 φ30,输入为"%%c30"
%%p	±	输入"±"	例如 20±0.01,输入为"20%%p0.01"
%%u	__	输入下画线"__"	例如 AutoCAD,输入为"%%uAutoCAD%%u"
%%o	‾	输入上画线"‾"	例如 AutoCAD,输入为"%%oAutoCAD%%o"

注意:%%o、%%u 分别是上画线和下画线开关,第一次输入时即打开,第二次输入则关闭。

7.2.2　多行文字

多行文字对象包含一个或多个文字段落,可作为单一对象处理。可以通过输入或导入文字创建多行文字对象。

命令调用方式:

功　能　区:【默认】|【注释】|【文字】|【多行文字】

功　能　区:【注释】|【文字】|【多行文字】

下拉菜单:【绘图】|【文字】|【多行文字】

命　令　行:MTEXT（简写 T 或 MT）

工　具　栏:【绘图】或【文字】|"多行文字"A

单击对应的工具栏按钮,或选择【绘图】|【文字】|【多行文字】命令,即执行 MTEXT 命令,AutoCAD 提示:

指定第一角点：

在此提示下指定一点作为第一角点后，AutoCAD 继续提示：

指定对角点或［高度（H）/对正（J）/行距（L）/旋转（R）/样式（S）/宽度（W）］：

如果响应默认项，即指定另一角点的位置，AutoCAD 弹出如图 7-3 所示的多行文字编辑器。

多行文字编辑器由"文字编辑器"选项卡和水平标尺组成，"文字编辑器"选项卡上有一些下拉列表框、按钮等。用户可通过该编辑器输入要标注的文字，并进行相关标注设置。

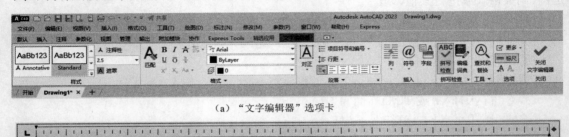

（a）"文字编辑器"选项卡

（b）水平标尺

图 7-3　多行文字编辑器

7.2.3　文字编辑

在 AutoCAD 中，可方便地用 DDEDIT 命令、TEXTEDIT 命令和【特性】选项板编辑修改文字。编辑单行文字时，只能编辑文字的内容，不能编辑文字的其他属性。编辑多行文字时，不仅可编辑多行文字的内容，还可对字高、倾斜角度和字体样式等属性进行修改。

1. 用 DDEDIT 和 TEXTEDIT 命令编辑文字

命令调用方式：

命　令　行（单行文字）：DDEDIT（简写 ED）

下拉菜单：【修改】|【对象】|【文字】|【编辑】

工　具　栏：【文字】|"编辑"

命　令　行（多行文字）：TEXTEDIT（简写 TEDIT）

注意：通常采用双击文字对象方式编辑文字。如果选择单行文字，则执行 DDEDIT 命令，弹出单行文字的文字输入框；如果选择多行文字时，则执行 TEXTEDIT 命令，弹出"在位文字编辑器"。

2. 用快捷菜单和【特性】选项板编辑文字

选择待编辑的文字后右击，弹出快捷菜单。选择单行文字时，选择【编辑】命令；选择多行文字时，选择【编辑多行文字】命令。

选择待编辑的文字，在【标准】工具栏中单击"特性"按钮，打开【特性】选项板可修改文字。

7.2.4　设置文字样式

《机械工程 CAD 制图规则》（GB/T 14665—2012）规定汉字一般采用正体（长仿宋体），而字母和数字应采用斜体。机械 CAD 制图的字高与文字用途和图纸幅面有关，见表 7-2。

表 7-2　文字高度

字体	文字用途		A0	A1	A2	A3	A4
汉字、字母和数字	图形尺寸及文字		5			3.5	
	技术要求中内容						
	图样中零、部件序号		7			5	
	"技术要求"四字						
	标题栏	图样名称、单位名称、图样代号和材料标记	5				
		其他	3.5				
	明细表						

在【样式】工具栏中单击按钮,弹出"文字样式"对话框,设置"工程字(正体)"和"工程字(斜体)"两种文字样式,其中"工程字(正体)"样式用于标注汉字、正体字母和数字,"工程字(斜体)"样式用于标注汉字、斜体字母和数字(图 7-2)。

7.3　创 建 表 格

表格是在行和列中包含数据的对象,常用于一些组件的图形中,如标题栏、明细表、齿轮的啮合特性表等。AutoCAD 提供了表格功能,可以创建表格,也可以插入 Word 或 Excel 表格。此外,还可以输出 AutoCAD 表格,供其他应用程序使用。

下面以图 7-4 所示的简化标题栏为例,介绍表格的创建和编辑。

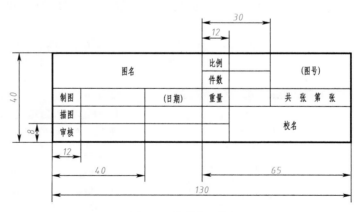

图 7-4　简化标题栏

7.3.1　设置表格样式

表格样式决定了一个表格的外观,控制着表格中的字体、颜色、文本、高度和行距等特性。用户可以使用默认的表格样式,也可以根据需要自定义表格样式。

命令调用方式：

功能区：【默认】|【注释】|【表格样式】

功能区：【注释】|【表格】| ↘

下拉菜单：【格式】|【表格样式】

命令行：TABLESTYLE

执行命令后，弹出"表格样式"对话框，如图 7-5 所示。在对话框中单击【新建】按钮，弹出"创建新的表格样式"对话框，如图 7-6 所示。可在"新样式名"文本框中输入表格样式名，如"标题栏"。单击【继续】按钮，弹出"新建表格样式：标题栏"对话框，如图 7-7 所示。

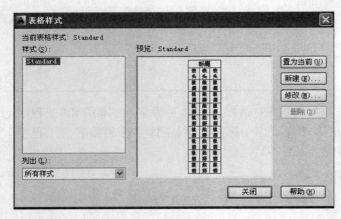

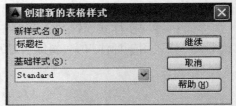

图 7-5　"表格样式"对话框　　　　　　　图 7-6　"创建新的表格样式"对话框

"新建表格样式：标题栏"对话框中主要的选项功能如下：

"起始表格"选项组：选择已创建的表格来创建一个新的表格样式。

"表格方向"下拉列表框：用于指定所选定的表格样式是向上还是向下生成。

"单元样式"下拉列表框：分别用来指定标题、表头、数据、格式以及创建新单元样式和管理单元样式。

"常规"选项组：用于设置新的表格样式的填充颜色、对齐方式、格式、类型和页边距等，如图 7-8 所示。

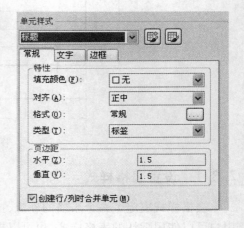

图 7-7　"新建表格样式：标题栏"对话框　　　　　图 7-8　"常规"选项组

"文字"选项组:用于设置表格中文字的样式、高度、颜色和角度,如图 7-9 所示。

"边框"选项组:用于对新表格样式边框的线型、线宽等进行设置,如图 7-10 所示。

图 7-9 "文字"选项组   图 7-10 "边框"选项组

对于图 7-4 所示的标题栏,选择已设置好的"工程字 1(正体)"作为其文字样式,将文字高度设置为 5,如图 7-9 所示。如图 7-8 和图 7-10 所示对一些常规参数和边框进行设置。设置后单击【确定】按钮,在"表格样式"对话框中出现了"标题栏"样式。

7.3.2 创建表格

命令调用方式:

功 能 区:【注释】|【表格】|【表格】

下拉菜单:【绘图】|【表格】

命 令 行:TABLE

工 具 栏:【绘图】|"表格"

执行命令后,弹出"插入表格"对话框,如图 7-11 所示。

图 7-11 "插入表格"对话框

对于图 7-4 所示的标题栏,可以选择已设置好的"标题栏"表格样式。选择"指定插入点"插入方式,将列设置为 6,将行设置为 3(不包括标题和表头两行),将单元样式设置为数据,如图 7-11 所示。设置后单击【确定】按钮。在适当的位置指定插入点,此时绘图区显示"文字格式"书写窗口。单击【确定特性】按钮退出书写窗口,然后可以看出在绘图区域创建了一个 5 行 6 列的表格,如图 7-12 所示。

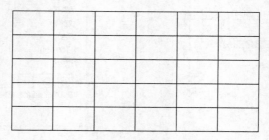

图 7-12   创建"标题栏"原始表格

7.3.3   编辑表格

①选中表格并右击,在弹出的快捷菜单中选择【特性】命令,打开【特性】选项板,将"表格高度""表格宽度"按照图 7-13(a)所示参数修改,生成效果如图 7-13(b)所示。

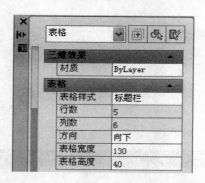

(a)修改参数

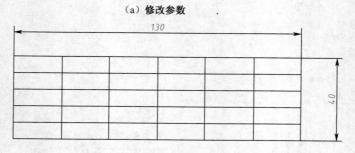

(b)修改后的表格

图 7-13   修改表格的高度和宽度

②选中表格最左列并右击,在弹出的快捷菜单中选择【特性】命令,打开【特性】选项板,设置"单元宽度"为 12,"单元高度"为 8,其他各列依此类推。修改后的表格如图 7-14 所示。

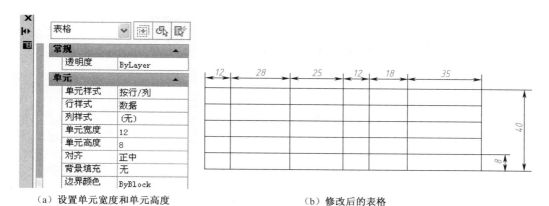

（a）设置单元宽度和单元高度　　　　　　　（b）修改后的表格

图 7-14　修改表格的列宽

③选中表格中需要合并的单元格并右击,在弹出的快捷菜单中选择【合并】命令,依此类推,完成表格的合并,修改后的表格如图 7-15 所示。

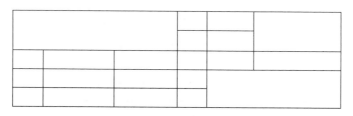

图 7-15　合并表格的行和列

④选择全部单元格,出现【表格】工具栏,如图 7-16 所示。单击【单元边框】按钮⊞,弹出"单元边框特性"对话框(图 7-17),设置"线宽"和"颜色",然后单击【外边框】按钮,单击【确定】按钮,得到的标题栏如图 7-18 所示。

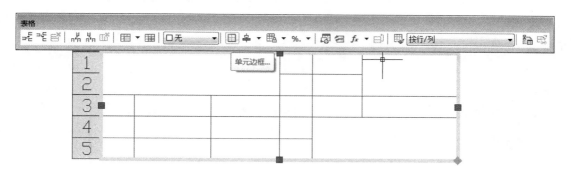

图 7-16　【表格】工具栏

⑤选择需要编辑的单元格双击,弹出【文字格式】在位文字编辑器,输入相应文字并进行编辑,如图 7-19 所示,最终生成的标题栏如图 7-4 所示。

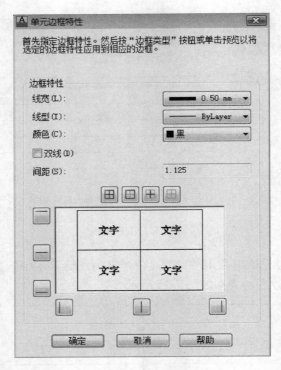

图 7-17 "单元边框特性"对话框

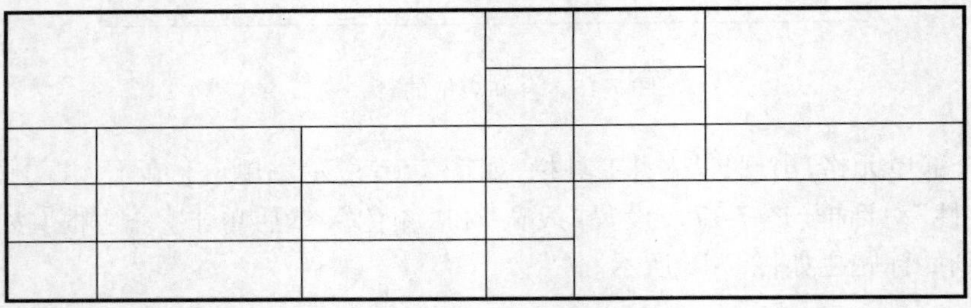

图 7-18 标题栏

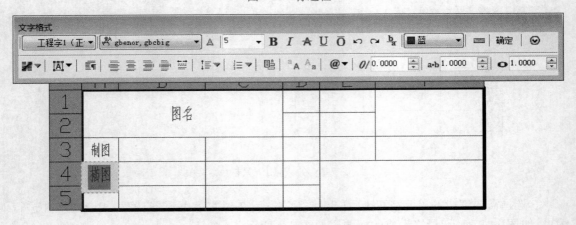

图 7-19 "文字格式"在位文字编辑器

7.4　尺寸标注

AutoCAD 提供了一套完整的尺寸标注命令,可快速、方便地标注图样中的各种尺寸,如线性标注、对齐标注、半径标注、直径标注、折弯标注、角度标注、基线标注、连续标注、等距标注、折断标注、几何公差标注、圆心标记等。

7.4.1　设置标注样式

标注样式用于控制标注的格式和外观。在尺寸标注之前,应利用"标注样式管理器"对话框创建尺寸标注的样式,并可以修改其样式。

命令调用方式:

功 能 区:【默认】|【注释】|【标注样式】

功 能 区:【注释】|【标注】|【表格】| ↘

下拉菜单:【格式】|【标注样式】或【标注】|【标注样式】

命 令 行:DIMSTYLE(简写 DST)/DDIM

工 具 栏:【样式】或【标注】|"标注样式" ⊢⤾

注意:在机械工程 CAD 制图中,需要设置一个尺寸标注父样式和 3 个子样式:

①一般标注样式"机械工程标注"(父样式)

②"机械工程标注:角度"(子样式)

③"机械工程标注:半径"(子样式)

④"机械工程标注:直径"(子样式)

另外,在以某尺寸公差标注之前可以设置其临时的"样式替代"(通常采用"堆叠"方法标注带尺寸公差的尺寸)。

1. 设置一般"尺寸标注"父样式

执行命令后,弹出"标注样式管理器"对话框,如图 7-20 所示。其中,"样式"列表框用于

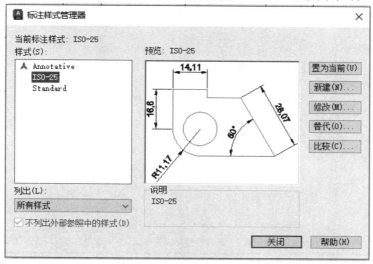

图 7-20　"标注样式管理器"对话框

列出已有标注样式的名称(默认样式名为"ISO-25")。"列出"下拉列表框确定要在"样式"列表框中列出哪些标注样式。"预览"图片框用于预览在"样式"列表框中所选中标注样式的标注效果。【置为当前】按钮把指定的标注样式置为当前样式。【新建】按钮用于创建新标注样式。【修改】按钮则用于修改已有标注样式。【替代】按钮用于设置当前样式的替代样式。

单击【新建】按钮,弹出"创建新标注样式"对话框,如图 7-21 所示,在"新样式名"文本框中输入样式名"尺寸标注",然后单击【继续】按钮,弹出"新建标注样式:尺寸标注"对话框,如图 7-22 所示,其中包括"线""符号和箭头""文字""调整""主单位""换算单位""公差"选项卡。

在"线"选项卡中,"超出尺寸线"文本框设置为 2,起点偏移量设置为 0,如图 7-22 所示。

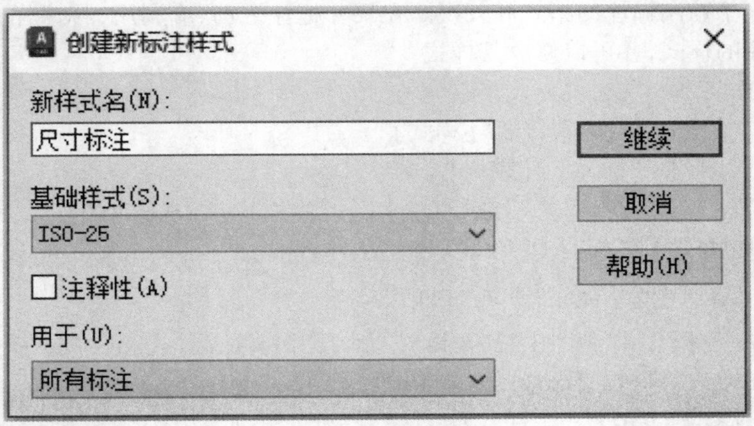

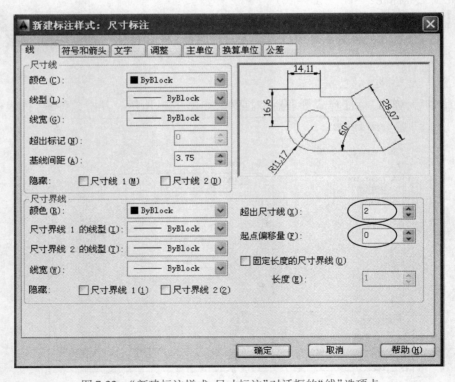

图 7-21 "创建新标注样式"对话框

图 7-22 "新建标注样式:尺寸标注"对话框的"线"选项卡

在"符号和箭头"选项卡中，"箭头大小"文本框设置为 3.5，如图 7-23 所示。

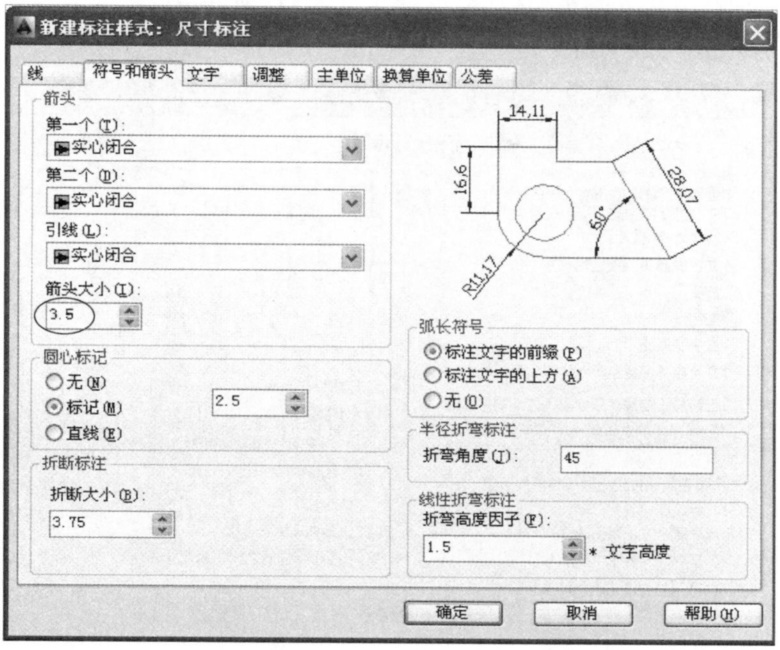

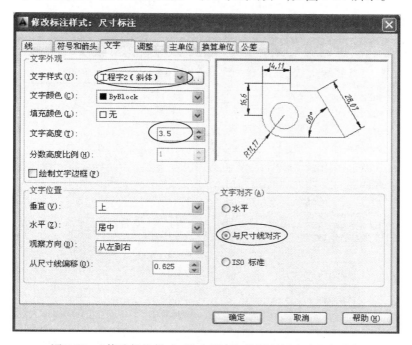

图 7-23　"新建标注样式:尺寸标注"对话框的"符号和箭头"选项卡

在"文字"选项卡中，"文字样式"下拉列表框中选择"工程字 2（斜体）"，"文字高度"文本框中设置为 3.5，"文字对齐"选项区设置为"与尺寸线对齐"，如图 7-24 所示。

图 7-24　"修改标注样式:尺寸标注"对话框的"文字"选项卡

　　在"调整"选项卡中，设置标注文字、尺寸线和尺寸箭头的位置。在"调整选项"选项区采用默认设置，即选择"文字或箭头（最佳效果）"单选按钮，则尺寸界线之间没有足够的空间时移出文字和箭头，如图 7-25 所示。

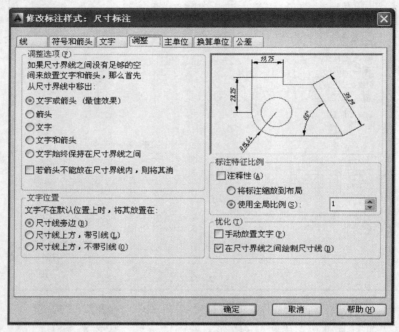

图 7-25　"修改标注样式:尺寸标注"对话框的"调整"选项卡

　　在"主单位"选项卡中，"精度"下拉列表框中选取"0.0"，"小数分隔符"下拉列表框中选取"."（句号）"，如图 7-26 所示。

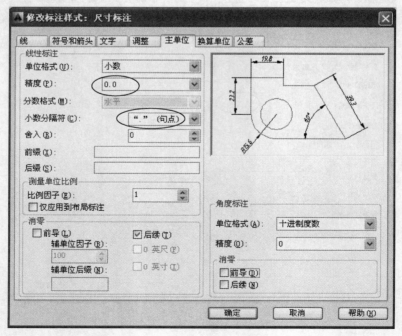

图 7-26　"修改标注样式:尺寸标注"对话框的"主单位"选项卡

　　完成新的标注样式设置后,单击【确定】按钮,返回"标注样式管理器"对话框,在"样式"列表框中会出现新建的标注样式的名称"尺寸标注"。

　　2. 设置"尺寸标注:角度"子样式

　　在"尺寸标注"样式中,角度尺寸不符合国家标准"角度的数字一律写成水平方向"的规定。因此,以"尺寸标注"样式为父样式,设置用于"角度标注"的子样式。

　　在"标注样式管理器"对话框中,选择"尺寸标注",单击【新建】按钮,弹出"创建新标注样式"对话框,其中,在【用于】下拉列表框中选择"角度标注"选项,如图 7-27 所示。

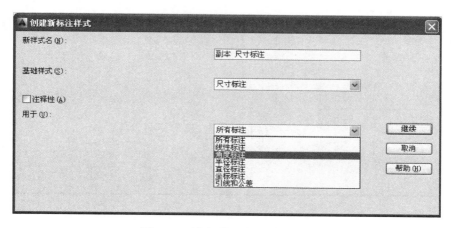

图 7-27　创建"角度标注"子样式

　　在"文字"选项卡中,"文字对齐"选项区设置为"水平",如图 7-28 所示。

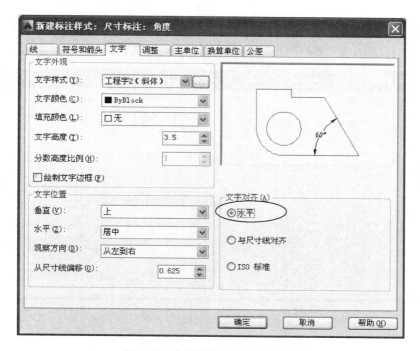

图 7-28　角度标注"文字"选项卡

单击【确定】按钮,返回"标注样式管理器"对话框,在"样式"列表框中会出现新建的标注子样式的名称"角度",如图 7-29 所示。

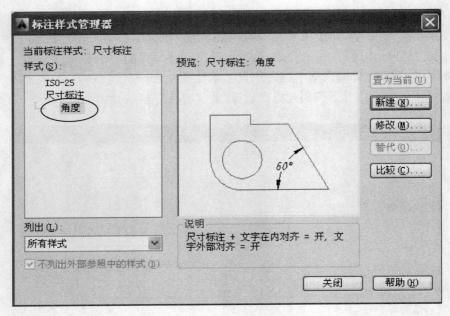

图 7-29 "尺寸标注:角度"子样式

3. 设置"尺寸标注:半径"子样式

要标注符合机械制图要求的半径尺寸,经常需要将"尺寸标注"样式中半径尺寸文字水平书写。因此,以"尺寸标注"样式为父样式,设置用于"半径标注"的子样式。

在"标注样式管理器"对话框中,选择"尺寸标注",单击【新建】按钮,弹出"创建新标注样式"对话框,其中,在"用于"下拉列表框中选择"半径标注"选项,如图 7-30 所示。

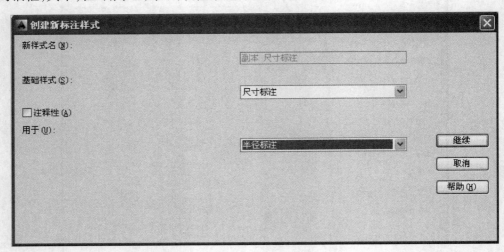

图 7-30 创建"半径标注"子样式

在"文字"选项卡中,"文字对齐"选项区设置为"ISO 标准",如图 7-31 所示。

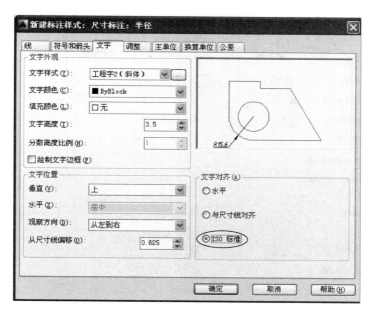

图 7-31　半径标注"文字"选项卡

在"调整"选项卡中,在"调整选项"选项区中选中"文字和箭头"单选按钮,在"优化"选项区中选中"手动放置文字"复选框。

单击【确定】按钮,返回"标注样式管理器"对话框,在"样式"列表框中会出现新建的标注子样式的名称"半径"。

4. 设置"尺寸标注:直径"子样式

要标注符合机械制图要求的直径尺寸,在"尺寸标注"样式中所标注直径尺寸的箭头将都在圆或圆弧外,不符合国家标准规定。因此,以"尺寸标注"样式为父样式,设置用于"直径标注"的子样式。

在"标注样式管理器"对话框中,选择"尺寸标注",单击【置为当前】按钮。单击【新建】按钮,弹出"创建新标注样式"对话框,其中,在"用于"下拉列表框中选择"直径标注"选项,如图 7-32 所示。

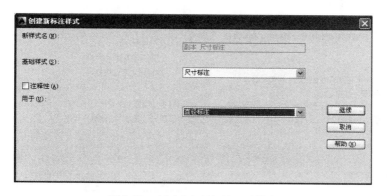

图 7-32　创建"直径标注"子样式

在"文字"选项卡中,"文字对齐"选项区设置为"ISO 标准",如图 7-33 所示。

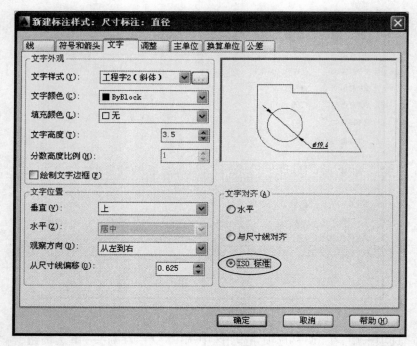

图 7-33 直径标注"文字"选项卡

　　在"调整"选项卡的"调整选项"选项区选择"文字"，则尺寸界线之间没有足够的空间时移出文字，如图 7-34 所示。

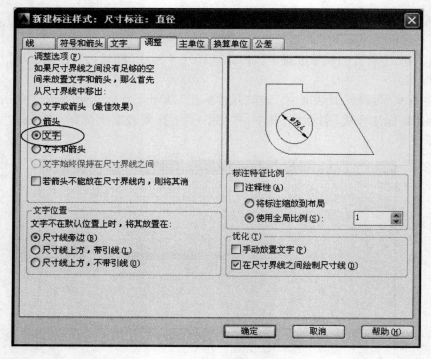

图 7-34 直径标注"调整"选项卡

单击【确定】按钮,返回"标注样式管理器"对话框,在"样式"列表框中会出现新建标注子样式的名称"直径",如图 7-35 所示。

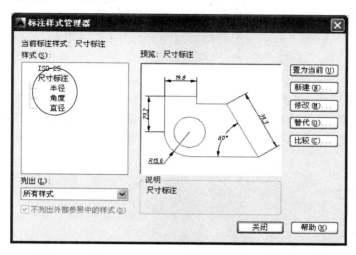

图 7-35 "尺寸标注:直径"子样式

5. 设置标注尺寸公差的"样式替代"(即临时样式)

在标注带极限偏差尺寸之前,可设置"尺寸标注"的"样式替代"(即临时样式),其设置步骤如下:

①在"标注样式管理器"对话框中,选择"尺寸标注",单击【置为当前】按钮。

②单击【替代】按钮,弹出"替代当前样式:尺寸标注"对话框,默认情况下"公差"选项卡"公差格式"选项区中的"方式"为"无"。用"公差"选项卡设置带公差的临时"替代"尺寸标注样式,各参数设置如图 7-36 所示。

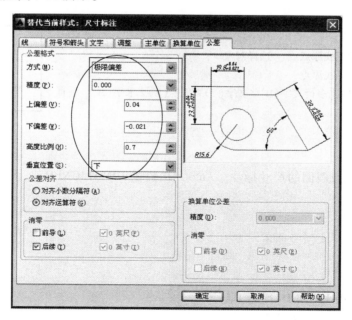

图 7-36 "替代当前样式:尺寸标注"对话框的"公差"选项卡

"公差格式"选项区各选项的含义如下：

高度比例：控制极限偏差的字高与公称尺寸的字高的比例，一般设置为 0.7。

垂直位置：控制公差值相对于基本尺寸的位置，包括"下""中""上"3 种方式。

注意：在 AutoCAD 中，上极限偏差的默认值为正或 0，下极限偏差的默认值为负或 0。标注时，系统自动加上"＋"或"－"符号。如果下极限偏差是正值，则在下极限偏差数值前要输入"－"符号。

③单击【确定】按钮，完成标注尺寸公差"样式替代"设置，返回"标注样式管理器"对话框，在"样式"列表框的"尺寸标注"下面引出了一个标记为"样式替代"的子样式。

④标记为"样式替代"的子样式在使用完成之后，可在快捷菜单中选择"删除"，命令将其删除。

7.4.2　标注尺寸

1. 线性标注

线性尺寸标注是指标注线性方面的尺寸，常用来标注水平尺寸、垂直尺寸和旋转尺寸。可以通过 AutoCAD 提供的 DIMLINEAR 命令标注。

命令调用方式：

功　能　区：【默认】|【注释】|【线性】

功　能　区：【注释】|【标注】|【线性】

下拉菜单：【标注】|【线性】

命　令　行：DIMLINEAR（简写 DLI）

工　具　栏：【标注】|"线性"

例 7.1　标注图 7-37 所示的尺寸。

操作步骤：

命令:DIMLINEAR↙

指定第一个尺寸界线原点或 ＜选择对象＞：　//捕捉第一个尺寸界线

指定第二条尺寸界线原点：　　　　　　　　//捕捉第二个尺寸界线

指定尺寸线位置或［多行文字(M)/文字(T)/角度(A)/水平(H)/垂直(V)/旋转(R)］：

标注文字 = 20　//在合适的位置单击指定尺寸线的位置

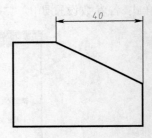

图 7-37　线性标注

2. 对齐标注

经常遇到斜线或斜面的尺寸标注。AutoCAD 提供 DIMALIGNED 命令可以进行该类型的尺寸标注。

命令调用方式：

功　能　区：【默认】|【注释】|【对齐】

功　能　区：【注释】|【标注】|【对齐】

下拉菜单：【标注】|【对齐】

命　令　行：DIMALIGNED（简写 DAL）

工　具　栏：【标注】|"对齐"

例 7.2　标注图 7-38 所示的尺寸。

操作步骤：

命令：DIMALIGNED↙

指定第一个尺寸界线原点或＜选择对象＞：　　　　　　//捕捉第一个尺寸界线

指定第二条尺寸界线原点：　　　　　　　　　　　　//捕捉第二个尺寸界线

指定尺寸线位置或［多行文字(M)／文字(T)／角度(A)］：

标注文字 = 22.4　　　　　　　　　　　　　　　//在合适的位置单击指定尺寸线的位置

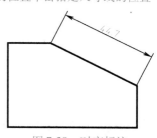

图 7-38　对齐标注

3. 半径标注

标注圆弧的半径尺寸，并自动加注半径符号"*R*"。

命令调用方式：

功　能　区：【默认】|【注释】|【半径】

功　能　区：【注释】|【标注】|【半径】

下拉菜单：【标注】|【半径】

命　令　行：**DIMRADIUS**（简写 **DRA**）

工　具　栏：【标注】|"半径"

4. 直径标注

标注圆或圆弧的直径尺寸，并自动加注直径符号"*Φ*"。

命令调用方式：

功　能　区：【默认】|【注释】|【直径】

功　能　区：【注释】|【标注】|【直径】

下拉菜单：【标注】|【直径】

命　令　行：**DIMDIAMETER**（简写 **DDI**）

工　具　栏：【标注】|"直径"

注意：在标注直径或半径尺寸时，如果要用"多行文字(M)"或"文字(T)"选项重新确定尺寸数字内容，则必须在输入的尺寸数字前加注"%%c"或"R"，使标注的尺寸前有"φ"（直径）或"*R*"（半径）。

例 7.3　标注图 7-39 所示的半径和直径尺寸。

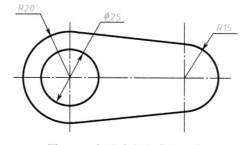

图 7-39　标注半径和直径尺寸

操作步骤：

命令：DIMRADIUS↙

选择圆弧或圆：

标注文字 = 20　　　　　　　　　　　　　　　//选择要标注的圆弧

指定尺寸线位置或［多行文字(M)/文字(T)/角度(A)］: //拖动鼠标到合适的位置单击来确定尺寸线的位置

命令: DIMRADIUS↙

选择圆弧或圆:

标注文字 = 15　　　　　　　　　　　　　　　　　　//选择要标注的圆弧

指定尺寸线位置或［多行文字(M)/文字(T)/角度(A)］: //拖动鼠标到合适的位置单击来确定尺寸线的位置

命令: DIMDIAMETER↙

选择圆弧或圆:

标注文字 = 25　　　　　　　　　　　　　　　　　　//选择要标注的圆

指定尺寸线位置或［多行文字(M)/文字(T)/角度(A)］: //拖动鼠标到合适的位置单击来确定尺寸线的位置

5. 角度标注

"角度标注"命令用于标注角度尺寸。

命令调用方式:

功　能　区:【默认】|【注释】|【角度】

功　能　区:【注释】|【标注】|【角度】

下拉菜单:【标注】|【角度】

命　令　行:DLMANGULAR(简写 DAN)

工　具　栏:【标注】|"角度"△

注意:在标注角度时,如果要用"多行文字(M)"或"文字(T)"选项重新确定角度值,则必须在输入的角度值后加注"%%d",使标注的角度数值后有"°"符号。

例7.4　标注图 7-40 所示的角度尺寸。

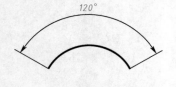 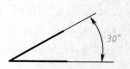

(a) 选择圆弧　　　　　　　(b) 选择两直线　　　　　(c) 选择顶点和两直线

图 7-40　标注角度尺寸

操作步骤:

命令: DLMANGULAR↙

选择圆弧、圆、直线或 <指定顶点>: 　　　　　　　　　//选择圆弧

指定标注弧线位置或［多行文字(M)/文字(T)/角度(A)/象限点(Q)］:

标注文字 = 120　　　　　　　　　　　　　//拖动鼠标到合适的位置单击来确定尺寸线的位置,如图 7-40(a)所示

命令: DLMANGULAR↙

选择圆弧、圆、直线或 <指定顶点>: 　　　　　　　　　//选择第一条直线边

选择第二条直线: 　　　　　　　　　　　　　　　　　//选择第二条直线边

指定标注弧线位置或［多行文字(M)/文字(T)/角度(A)/象限点(Q)］:

标注文字 = 60　　　　　　　　　　　　　//拖动鼠标到合适的位置单击来确定尺寸线的位置,如图 7-40(b)所示

命令：DLMANGULAR↙

选择圆弧、圆、直线或 <指定顶点> :↙　　//选择"指定顶点"模式

指定角的顶点：　　　　　　　　　　　//捕捉顶点

指定角的第一个端点：　　　　　　　　//捕捉第一条直线端点

指定角的第二个端点：　　　　　　　　//捕捉第二条直线端点

指定标注弧线位置或 [多行文字(M)/文字(T)/角度(A)/象限点(Q)]:

标注文字 = 30　　　　　　　　　//拖动鼠标到合适的位置单击来确定尺寸线的位置,如图7-40(c)所示

6. 基线标注

标注具有公共的第一条尺寸界线的一组线性尺寸或角度尺寸。

命令调用方式：

功　能　区:【注释】|【标注】|【基线】

下拉菜单:【标注】|【基线】

命　令　行:DIMBASELINE(简写 DBA)

工　具　栏:【标注】|"基线" ⊢⊣

注意:在用"基线标注"命令之前,必须先用"线性标注"、"对齐标注"或"角度标注"命令标注出第一个尺寸。

例7.5　标注图7-41所示的尺寸。

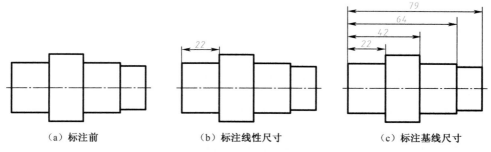

(a) 标注前　　　　　　　　(b) 标注线性尺寸　　　　　　　(c) 标注基线尺寸

图7-41　标注基线尺寸步骤

命令：DIMLINEAR↙

指定第一个尺寸界线原点或 <选择对象> :　//捕捉第一个尺寸界线

指定第二条尺寸界线原点：　　　　　　//捕捉第二个尺寸界线

指定尺寸线位置或[多行文字(M)/文字(T)/角度(A)/水平(H)/垂直(V)/旋转(R)]:

标注文字 = 22　　　　　　　//在合适的位置单击指定尺寸线的位置,如图7-41(b)所示

命令：DIMBASELINE↙

指定第二条尺寸界线原点或 [放弃(U)/选择(S)] <选择> :

标注文字 = 42　　　　　　　　//捕捉第二条尺寸界线点

指定第二条尺寸界线原点或 [放弃(U)/选择(S)] <选择> :

标注文字 = 64　　　　　　　　//捕捉第三条尺寸界线点

指定第二条尺寸界线原点或 [放弃(U)/选择(S)] <选择> :

标注文字 = 79　　　　　　　　//捕捉第四条尺寸界线点

指定第二条尺寸界线原点或 [放弃(U)/选择(S)] <选择> :↙//结果如图7-41(c)所示

7. 连续标注

连续标注是指首尾相连的尺寸标注。

命令调用方式:

功　能　区:【注释】|【标注】|【连续】

下拉菜单:【标注】|【连续】

命　令　行:DIMCONTINUE(简写 DCO)

工　具　栏:【标注】|"连续" ⊬⊦⊦

注意:在用"连续标注"命令之前,必须先用"线性标注""对齐标注"或"角度标注"命令标注出第一个尺寸。

例7.6　标注图 7-42 所示的尺寸。

（a）标注前　　　　　　　（b）标注线性尺寸　　　　　（c）标注连续尺寸

图 7-42　标注连续尺寸步骤

命令: DIMLINEAR↙

指定第一个尺寸界线原点或 <选择对象>:　　　//捕捉第一个尺寸界线

指定第二条尺寸界线原点:　　　　　　　　　//捕捉第二个尺寸界线

指定尺寸线位置或[多行文字(M)/文字(T)/角度(A)/水平(H)/垂直(V)/旋转(R)]:

标注文字 = 22　　　　　　　　　　　　//在合适的位置单击指定尺寸线的位置,如图 7-42(b)所示

命令: DIMCONTINUE↙

指定第二条尺寸界线原点或 [放弃(U)/选择(S)] <选择>:

标注文字 = 20　　　　　　　　　　　　//捕捉第二条尺寸界线点

指定第二条尺寸界线原点或 [放弃(U)/选择(S)] <选择>:

标注文字 = 22　　　　　　　　　　　　//捕捉第三条尺寸界线点

指定第二条尺寸界线原点或 [放弃(U)/选择(S)] <选择>:

标注文字 = 15　　　　　　　　　　　　//捕捉第四条尺寸界线点

指定第二条尺寸界线原点或 [放弃(U)/选择(S)] <选择>:↙//结果如图 7-42(c)所示

8. 等距标注

调整线性标注或角度标注之间的间距为相等定值。

命令调用方式:

功　能　区:【注释】|【标注】|【调整间距】

下拉菜单:【标注】|【标注间距】

命　令　行:DIMSPACE

工　具　栏:【标注】|"等距间距" ⊞

9. 折断标注

在标注或延伸线与其他对象的相交处打断或恢复标注和延伸线。

命令调用方式:

功　能　区:【注释】|【标注】|【打断】

下拉菜单:【标注】|【标注打断】

命 令 行:DIMBREAK

工 具 栏:【标注】|"折断标注"

10. 圆心标记

"圆心标记"命令用于创建圆和圆弧的圆心标记或中心线。

命令调用方式:

功 能 区:【注释】|【标注】|【圆心标记】

下拉菜单:【标注】|【圆心标记】

命 令 行:DIMCENTER(简写 DCE)

工 具 栏:【标注】|"圆心标记"

例 7.7　标注图 7-43 中的圆心标记。

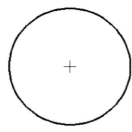

图 7-43　标注圆心标记

命令:DIMCENTER↙

选择圆弧或圆:　　　　　　　　　　　　　　//选择圆

11. 折弯标注

"折弯标注"命令用于为大圆弧创建折弯标注。

命令调用方式:

功 能 区:【默认】|【注释】|【折弯】

功 能 区:【注释】|【标注】|【折弯】

下拉菜单:【标注】|【折弯】

命 令 行:DIMJOGGED

工 具 栏:【标注】|"折弯"

例 7.8　标注图 7-44 所示的尺寸。

图 7-44　标注折弯尺寸

```
命令：DIMJOGGED↙
选择圆弧或圆：                                    //选择圆弧
指定图示中心位置：                                //指定图示中心位置
标注文字 = 50
指定尺寸线位置或［多行文字(M)/文字(T)/角度(A)］：   //指定尺寸线位置
指定折弯位置：                                    //指定尺寸线位置
```

7.5 多重引线

在机械图样中,通常引线有一水平线和另一倾斜直线,其引线一端带有箭头或无箭头,另一端带有多行文字或块,参见《技术制图 图样画法 指引线和基准线的基本规定》(GB/T 4457.2—2003)。在 AutoCAD 中,应先设置多重引线标注样式,然后按其标注样式创建多重引线标注。

1. 设置多重引线标注样式

命令调用方式：

功 能 区：【默认】｜【注释】｜【多重引线样式】

功 能 区：【注释】｜【引线】｜⧄

下拉菜单：【格式】｜【多重引线样式】

命 令 行：MLEADERSTYLE(简写 MLS)

工 具 栏：【多重引线】或【样式】｜"多重引线样式"⧄

执行命令后,弹出"多重引线样式管理器"对话框,如图 7-45 所示。其中,【样式】列表框用于列出已有引线样式的名称(默认样式名为 Standard)。

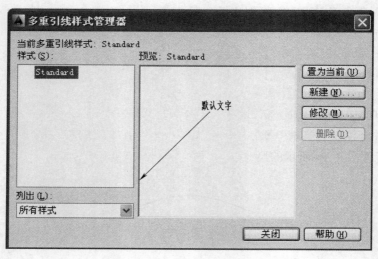

图 7-45 "多重引线样式管理器"对话框

单击【新建】按钮,弹出"创建新多重引线样式"对话框,如图 7-46 所示。在"新样式名"文本框中输入样式名"无箭头",然后单击【继续】按钮,弹出"修改多重引线样式：无箭头"对话框,如图 7-47 所示。其中主要包括"引线格式""引线结构""内容"选项卡。

图 7-46　"创建新多重引线样式"对话框

在"引线格式"选项卡中,箭头"符号"下拉列表框中选择"无",在"大小"文本框中输入3.5,如图 7-47 所示。

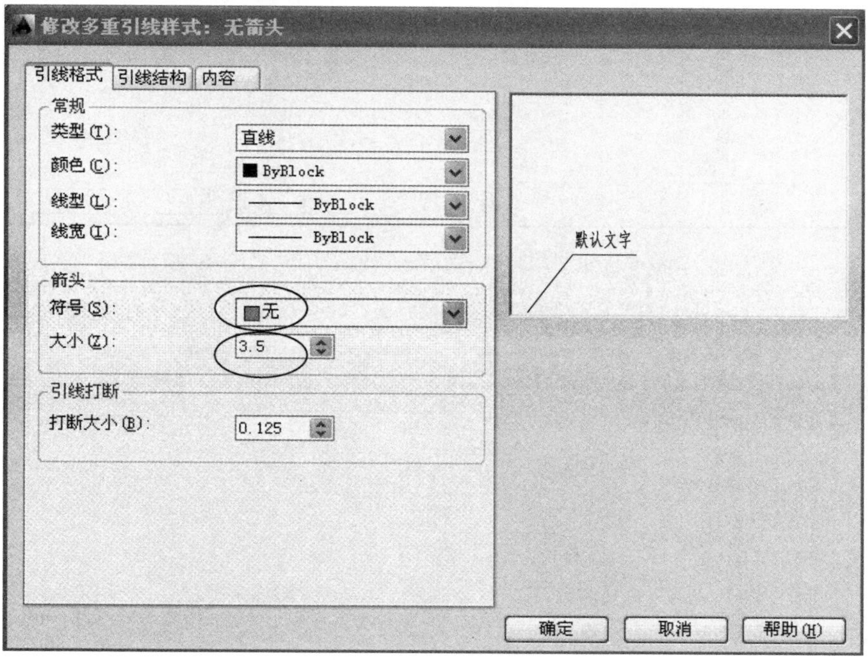

图 7-47　"修改多重引线样式:无箭头"对话框的"引线格式"选项卡

在"引线结构"选项卡中,选中"设置基线距离"复选框,并在其微调框中输入 3,如图 7-48所示。

在"内容"选项卡中,在"文字样式"下拉列表框中选择"工程字 2(斜体)";在"文字高度"文本框中输入 3.5;在引线连接"连接位置 – 左"下拉列表框中选择"第一行加下划线",如图 7-49 所示。

单击【确定】按钮,在"多重引线样式管理器"对话框的"样式"列表中会出现样式名"无箭头",如图 7-50 所示。然后单击【置为当前】按钮,将"无箭头"样式置为当前样式。

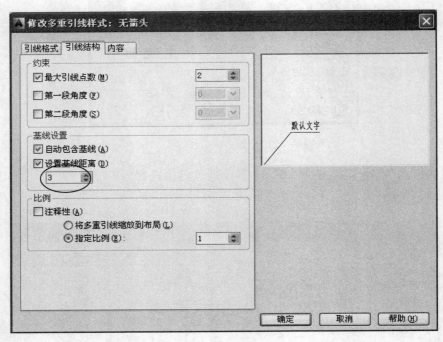

图 7-48 "修改多重引线样式：无箭头"对话框的"引线结构"选项卡

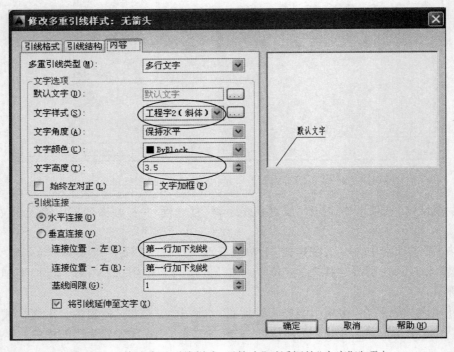

图 7-49 "修改多重引线样式：无箭头"对话框的"内容"选项卡

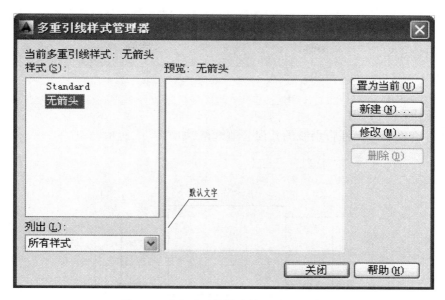

图 7-50　"多重引线样式管理器"对话框

　　单击【新建】按钮,弹出"创建新多重引线样式"对话框。在"新样式名"文本框中输入样式名"带箭头",然后单击【继续】按钮,弹出"修改多重引线样式:带箭头"对话框。

　　在"引线格式"选项卡中,在箭头"符号"下拉列表框中选择"实心闭合",其他选项采用默认样式(采用"无箭头"样式的默认选项)。

　　单击【确定】按钮,在"多重引线样式管理器"对话框的"样式"列表中会出现样式名"带箭头"。

2. "多重引线"标注

命令调用方式:

功 能 区:【默认】|【注释】|【多重引线】
功 能 区:【注释】|【引线】|【多重引线】
下拉菜单:【标注】|【多重引线】
命 令 行:MLEADER(简写 MLD)
工 具 栏:【多重引线】|"多重引线"

7.6　标注尺寸公差和几何公差

尺寸公差和几何公差是机械零件图中很重要的两项内容。

1. 标注尺寸公差

　　AutoCAD 提供了多种标注尺寸公差的方法,常用如下两种方法:一种直接用文字"堆叠"标注方法(优先选用);二是"样式替代"标注方法。

2. 标注几何公差

　　几何公差是机械零件图中的技术要求之一,表示特征的形状、方向、位置和跳动的允许偏差的要求。详见《产品几何技术规范(GPS)几何公差　形状、方向、位置和跳动公差标注》

（GB/T 1182—2018）的有关规定。几何公差标注包括标注带引线的公差框格和标注基准代号。

在 AutoCAD 中，可以采用两种方式标注几何公差。

（1）带引线标注

标注带引线的几何公差框格。

命令调用方式：

命 令 行：QLEADER

例7.9　在图形中标注带引线的几何公差框格，如图 7-51 所示。

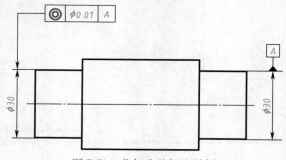

图 7-51　几何公差标注示例

操作步骤：

①将"文字和尺寸"层置为当前层，并将"尺寸标注"标注样式置为当前（图幅为 A2、A3 或 A4，文字高度为 3.5）。

②执行 QLEADER 命令，标注带引线的几何公差框格。

a. 在命令行中输入 QLEADER 命令。

命令:QLEADER↙

指定第一个引线点或 [设置(S)] <设置>:↙

b. 弹出"引线设置"对话框，其中包括"注释""引线和箭头"两个选项卡。

在"注释"选项卡中，选择注释类型为"公差"单选按钮，如图 7-52 所示。在"引线和箭头"选项卡中采用图 7-53 所示的默认设置。

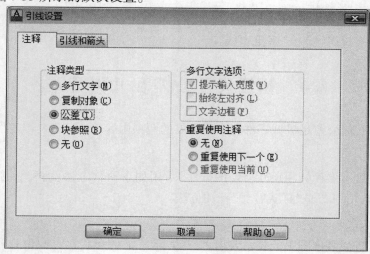

图 7-52　"引线设置"对话框的"注释"选项卡

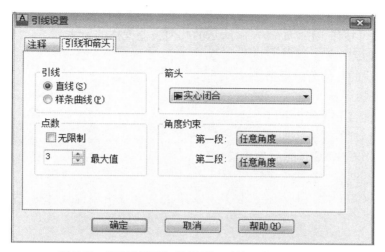

图 7-53　"引线设置"对话框的"引线和箭头"选项卡

c. 单击【确定】按钮,返回命令行提示,按命令行提示操作:

指定第一个引线点或 [设置(S)] <设置>:　　　　　　//捕捉第 1 点

指定下一点:　　　　　　　　　　　　　　　　　　//捕捉第 2 点

指定下一点:　　　　　　　　　　　　　　　　　　//捕捉第 3 点

d. 设置"形位公差"对话框,如图 7-54 所示。

单击"符号"选项下的小黑框,弹出图 7-54(b)所示的"特征符号"对话框,确定几何公差的特征符号。

在"公差 1"文本框中输入公差值 0.01,单击其文本框前的小黑框插入"φ"符号(单击其后的小黑框在图 7-54(c)所示"附加符号"对话框中选择包容条件)。

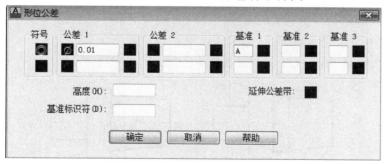

(a)"形位公差"对话框

(b)"特征符号"对话框

(c)"附加符号"对话框

图 7-54　设置公差

在"基准 1"文本框中输入"A"（根据要求，可加上包容条件符号）。

e. 单击【确定】按钮，完成如图 7-51 所示的几何公差框格的标注。

（2）不带引线标注

标注不带引线的几何公差框格。

命令调用方式：

功 能 区：【注释】|【标注】|【公差】

下拉菜单：【标注】|【公差】

命 令 行：TOLERANCE（简写 TOL）

工 具 栏：【标注】|"公差" ⊞⊟

注意：在 AutoCAD 中，几何公差框格及其文字的高度是由当前尺寸标注样式的文字高度所决定的。

7.7　修改尺寸和公差

尺寸标注后，可按需要编辑修改尺寸和公差。例如，调整尺寸文字内容、尺寸文字位置、尺寸线位置、翻转箭头和重新选择标注样式等。

（1）用 DIMEDIT 和 DIMTEDIT 命令编辑尺寸

①用 DIMEDIT 命令编辑尺寸

编辑标注文字和尺寸界线，主要用于旋转文字及倾斜尺寸界线等。

命令调用方式：

功 能 区：【注释】|【标注】|【倾斜】

下拉菜单：【标注】|【倾斜】

命 令 行：DIMEDIT（简写 DED）

工 具 栏：【标注】|"编辑标注" ⟋

例 7.10　倾斜图 7-55（a）中的尺寸界线。

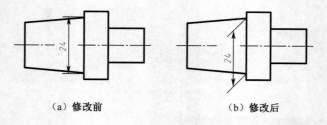

(a) 修改前　　　　　　　　(b) 修改后

图 7-55　倾斜图中的尺寸

操作步骤：

命令:DIMEDIT↙

输入标注编辑类型［默认(H)/新建(N)/旋转(R)/倾斜(O)］<默认>:O↙

选择对象:　　　　　　　　　　　　　　　//选择所要修改的标注

选择对象:↙

输入倾斜角度（按 Enter 表示无）:45↙

②用 DIMTEDIT 命令编辑尺寸

移动和旋转标注文字并重新定位尺寸线

命令调用方式：

功 能 区：【注释】|【标注】|【对齐文字】

下拉菜单：【标注】|【对齐文字】

命 令 行：DIMTEDIT（简写 DIMTED）

工 具 栏：【标注】|"编辑标注文字" 🅰

（2）用 DDEDIT 命令修改尺寸文字

（3）用快捷菜单编辑尺寸

（4）用【特性】选项板修改尺寸

（5）用【标注更新】修改标注样式

【标注更新】命令用于将图形中已标注尺寸的尺寸标注样式修改为当前尺寸标注样式。

命令调用方式：

功 能 区：【注释】|【标注】|【更新】

下拉菜单：【标注】|【更新】

命 令 行：– DIMSTYLE

工 具 栏：【标注】|"标注更新" ⊩

（6）用【快速特性】选项板修改尺寸

用【快速特性】选项板可以显示和修改所选对象的特性。常用于快速修改文字内容、字高、尺寸标注样式和尺寸文字。

7.8　参数化绘图

AutoCAD 2023 具有参数化绘图功能。利用该功能，当改变图形的尺寸参数后，图形会自动发生相应的变化。AutoCAD 的【参数化】选项板如图 7-56 所示。

图 7-56　【参数化】选项板

7.8.1　几何约束

几何约束是在对象之间建立一定的约束关系。

命令调用方式：

功 能 区：【参数化】|【几何】

命 令 行：GEOMCONSTRAINT

执行 GEOMCONSTRAINT 命令,AutoCAD 提示:

输入约束类型 [水平(H)/竖直(V)/垂直(P)/平行(PA)/相切(T)/平滑(SM)/重合(C)/同心(CON)/共线(COL)/对称(S)/相等(E)/固定(F)] <平滑>:

此提示要求用户指定约束的类型并建立约束。其中:

"水平"选项用于将指定的直线对象约束成与当前坐标系的 X 坐标平行。

"竖直"选项用于将指定的直线对象约束成与当前坐标系的 Y 坐标平行。

"垂直"选项用于将指定的一条直线约束成与另一条直线保持垂直关系。

"平行"选项用于将指定的一条直线约束成与另一条直线保持平行关系。

"相切"选项用于将指定的一个对象与另一条对象约束成相切关系。

"平滑"选项用于在共享同一端点的两条样条曲线之间建立平滑约束。

"重合"选项用于使两个点或一个对象与一个点之间保持重合。

"同心"选项用于使一个圆、圆弧或椭圆与另一个圆、圆弧或椭圆保持同心。

"共线"选项用于使一条或多条直线段与另一条直线段保持共线,即位于同一直线上。

"对称"选项用于约束直线段或圆弧上的两个点,使其以选定直线为对称轴彼此对称。

"相等"选项用于使选择的圆弧或圆有相同的半径,或使选择的直线段有相同的长度。

"固定"选项用于约束一个点或曲线,使其相当于坐标系固定在特定的位置和方向。

7.8.2　标注约束

标注约束指约束对象上两个点或不同对象上两个点之间的距离。

命令调用方式:

功　能　区:【参数化】|【标注】

命　令　行:DIMCONSTRAINT

执行 DIMCONSTRAINT 命令,AutoCAD 提示:

输入标注约束选项 [线性(L)/水平(H)/竖直(V)/对齐(A)/角度(AN)/半径(R)/直径(D)/形式(F)/转换(C)] <对齐>:

其中,"输入标注约束选项"用于将选择的关联标注转换成约束标注。其他各选项用于对相应的尺寸建立约束,其中"形式(F)"选项用于确定是建立注释性约束还是动态约束。

7.9　实　例　分　析

例 7.11　对图 7-57(a)所示的图形进行尺寸标注,使标注结果如图 7-57(b)所示。

操作步骤:

①打开图形文件,在【标注样式】工具栏中,将"尺寸标注"样式置为当前。

②应用"连续标注"功能完成连续尺寸 15、15、15、15、15、15 的标注,应用"基线标注"功能完成基线尺寸 105、180 的标注,如图 7-58(a)所示。

③应用"线性标注"功能完成尺寸 60、130、150、20、50、45、105 的标注,如图 7-58(b)所示。

④应用"对齐标注"功能完成尺寸 12、25、37 的标注,如图 7-58(c)所示。

⑤应用"角度标注"功能完成尺寸 60°的标注;应用"直径标注"功能完成尺寸 60 和 30 的标注;应用"半径标注"功能完成尺寸 8 的标注,结果如图 7-58(d)所示。

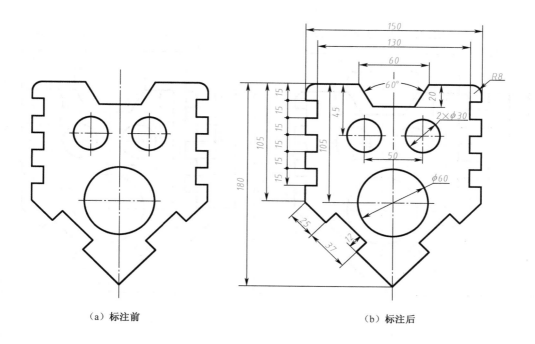

（a）标注前　　　　　　　　　　　　（b）标注后

图 7-57　尺寸标注实例

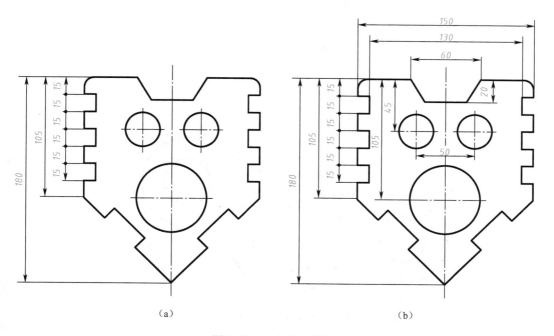

（a）　　　　　　　　　　　　　　　（b）

图 7-58　尺寸标注实例步骤

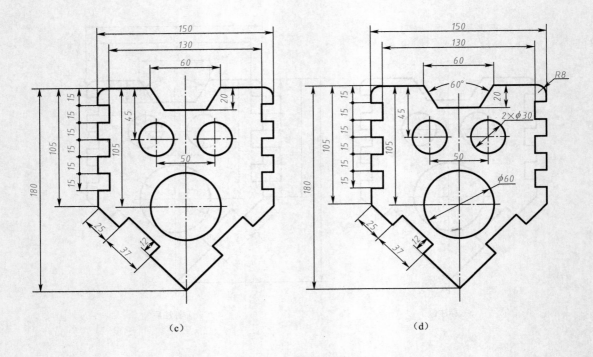

（c）   （d）

图 7-58 尺寸标注实例步骤（续）

练 习 题

1. 按图 7-59 给定的尺寸绘制图形，并标注尺寸。

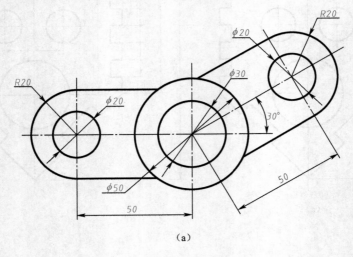

（a）

图 7-59 标注尺寸

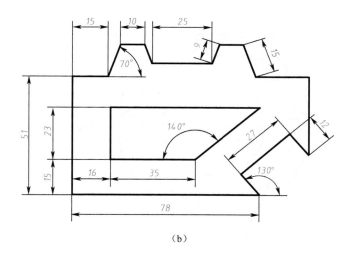

（b）

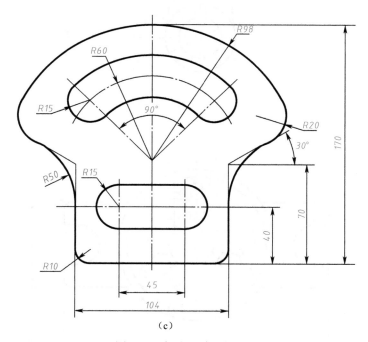

（c）

图 7-59　标注尺寸（续）

2. 按图 7-60 给定的尺寸绘制图形,并标注尺寸。

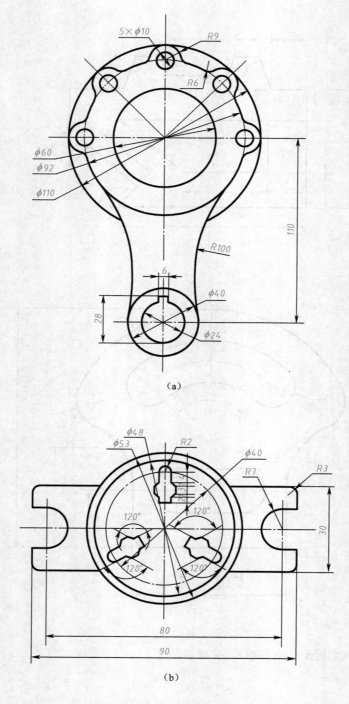

（a）

（b）

图 7-60　绘制图形并标注尺寸

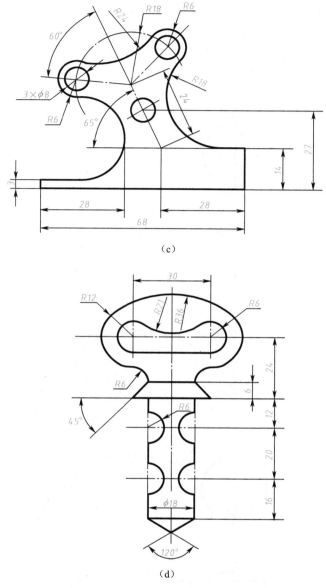

（c）

（d）

图 7-60 绘制图形并标注尺寸(续)

3. 按图 7-61 给定的尺寸绘制图形,并标注尺寸,绘图步骤如图 7-62 所示。

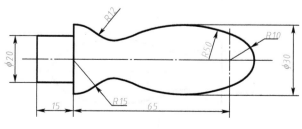

图 7-61 手柄平面图形

操作提示：

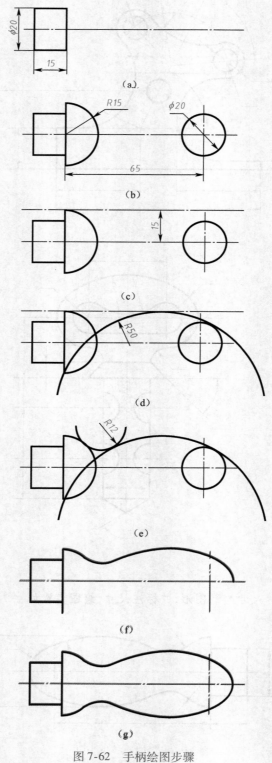

图 7-62　手柄绘图步骤

4. 按图 7-63 给定的尺寸绘制图形，并标注尺寸公差和几何公差。

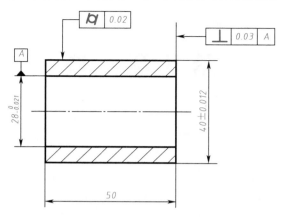

图 7-63　标注尺寸公差和几何公差

第8章 块

📺 学习目的与要求

　　为了提高绘图效率,对图形中有大量相同或者相似的重复绘制内容可采用块操作进行处理。块分为两种,即内部块和外部块。块可由绘制的图形对象及文字构成,其中可变文字为属性。本章重点介绍创建和插入块的操作。要求:

　　(1)掌握创建块和插入块的方法及相应对话框操作;

　　(2)学会创建带属性的块;

　　(3)掌握块及其属性的编辑方法。

8.1 块 的 概 述

　　AutoCAD 提供了块的功能,块是由多个对象及其属性组合且赋予名称的一个独立的整体,带属性块的有关信息将保存在其图形文件中。用户需要时将块以基点插入到指定坐标位置,可以大大提高绘图效率。

8.1.1 块的特点

　　组成块的各个对象可以有自己的图层、线型和颜色,但 AutoCAD 把块当作单一的对象处理,即通过拾取块内的任何一个对象,就可以选中整个块,并对其进行诸如移动(Move)、复制(Copy)、镜像(Mirror)等操作,这些操作与块的内部结构无关。块具有如下特点:

　　①提高了绘图速度。将图形创建成块,需要时可以直接用插入块的方法实现绘图,这样可以避免大量重复性工作。

　　②节省存储空间。如果使用复制命令将一组对象复制 10 次,图形文件的数据库中要保存 10 组同样的数据。如将该组对象定义成块,数据库中只保存一次块的定义数据。插入该块时不再重复保存块的数据,只保存块名和插入参数,因此可以减小文件尺寸。

　　③便于修改图形。如果修改了块的定义,用该块复制出的图形都会自动更新。

　　④加入属性。很多块还要求有文字信息,以进一步解释说明。AutoCAD 允许为块创建这些文字属性,可以在插入的块中显示或不显示这些属性,也可以从图中提取这些信息并将它们传送到数据库中。

8.1.2 块的种类

　　块的种类主要有两种:

1. 内部块

内部块是用 BLOCK 命令将当前图形创建成块,只能在当前图形文件内部插入。

2. 外部块

外部块是用 WBLOCK 命令将当前图形创建成块且保存为一个图形文件,可在任意图形文件中插入,如表面粗糙度代号、标题栏和技术要求等。

8.1.3　块的使用方法

创建块和插入块的操作步骤如下:

①绘制图形和标注不变文字;

②用 ATTDEF 命令定义属性(可变文字)。如果所要创建的块无可变文字,则省略此步;

③用 BLOCK 命令或 WBLOCK 命令创建内部块或外部块;

④用 INSERT 命令插入块。

8.2　创　建　块

本节介绍创建外部块的方法和步骤,以及在创建块和插入块时块与层、颜色和线型的关系。对于带属性块,在创建块之前,还要先定义块的所有属性(可变文字)。

1. 定义属性

块的属性是附着在块上的文本信息,是块的组成部分。它依赖于块的存在而存在。

命令调用方式:

功　能　区:【默认】|【块】|【定义属性】

功　能　区:【插入】|【块定义】|【定义属性】

下拉菜单:【绘图】|【块】|【定义属性】

命　令　行:ATTDEF(简写 ATT)

执行命令后,弹出“属性定义”对话框,如图 8-1 所示。对话框中包含“模式”“属性”“插入点”“文字设置”4 个选项组。

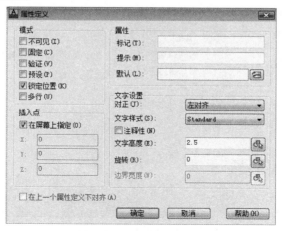

图 8-1　“属性定义”对话框

"模式"选项组用于设置属性的模式。"不可见"复选框用于指定插入块时不显示或打印属性值；"固定"复选框用于在插入块时赋予属性固定值；"验证"复选框用于插入块时提示验证属性值是否正确；"预设"复选框用于插入包含预设属性值的块时，将属性设置为默认值。在插入块时，系统将把"默认"文本框中输入的值自动设置为实际值，而不再要求用户输入新值；"锁定位置"复选框用于锁定块参照中属性的位置；"多行"复选框指定属性值可以包含多行文字及指定属性的边界宽度。

"属性"选项组中，"标记"文本框用于确定属性的标记（用户必须指定标记）；"提示"文本框用于确定插入块时 AutoCAD 提示用户输入属性值的提示信息；"默认"文本框用于设置属性的默认值，用户在各对应文本框中输入具体内容即可。

"插入点"选项组确定属性值的插入点，即属性文字排列的参考点。

"文字设置"选项组确定属性文字的格式。

确定了"属性定义"对话框中的各项内容后，单击对话框中的【确定】按钮，AutoCAD 完成一次属性定义，并在图形中按指定的文字样式、对齐方式显示出属性标记。

2. 内部块

内部块只能在当前图形文件中重复调用，离开当前图形文件无效。

命令调用方式：

功 能 区：【默认】|【块】|【创建块】

功 能 区：【插入】|【块定义】|【创建块】

下拉菜单：【绘图】|【块】|【创建】

命 令 行：BLOCK（简写 B）

工 具 栏：【绘图】|"创建块"

利用 BLOCK 将已绘制出的图形对象定义成块。执行命令后，弹出"块定义"对话框，如图 8-2 所示，可以利用此对话框完成块的定义。

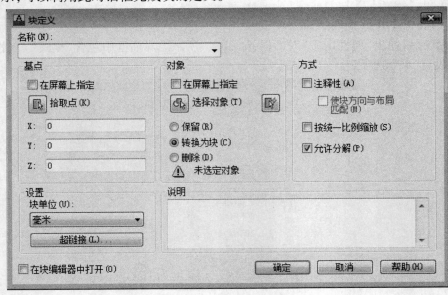

图 8-2 "块定义"对话框

3. 外部参照块

外部参照块把块保存成单独的文件(＊.dwg),可以在不同的图形文件中调用。

命令调用方式:

功 能 区:【插入】|【块定义】|【写块】

命 令 行:WBLOCK(简写 W)

执行命令后,弹出"写块"对话框,如图 8-3 所示。

图 8-3 "写块"对话框

注意:用户可创建单位块,以便插入时改变图形大小。例如,创建正方形单位块(1×1),插入其单位块时 X 和 Y 方向的比例值即分别为所绘制矩形的长和宽。

8.3 插 入 块

插入块是将创建的块或图形文件按指定位置插入到当前图形中。

命令调用方式:

功 能 区:【默认】|【块】|【插入】

功 能 区:【插入】|【块】|【插入】

下拉菜单:【插入】|【块】

命 令 行:INSERT(简写 I)

工 具 栏:【绘图】|"插入块"

执行命令后,弹出"插入"对话框,如图 8-4 所示。

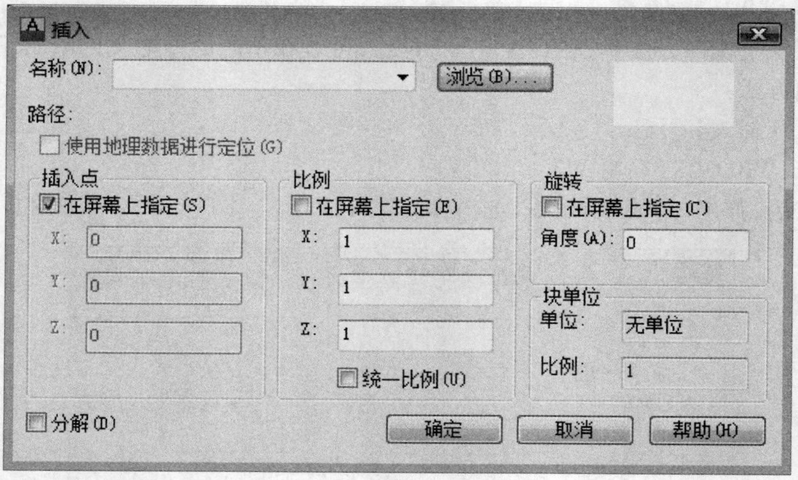

图 8-4 "插入"对话框

使用此命令插入的块，即使是外部块或图形文件，都是独立于原图形文件的，并不会随着原图形文件的更改而发生改变。

8.4 修 改 块

根据绘图要求，有时需要重新创建和修改块及其属性。

1. 修改块属性

①创建块之前，修改属性定义的标记、提示和默认值。

命令调用方式：

下 拉 菜 单：【修改】|【对象】|【文字】|【编辑】

命 令 行：DDEDIT(简写 ED)

工 具 栏：【文字】|"编辑"

双击块的属性，可执行 DDEDIT 命令。

②创建块之后，修改块的多个属性。

命令调用方式：

功 能 区：【插入】|【块】|【编辑属性】|【多个】

命 令 行：ATTEDIT(简写 ATE)

③创建块之后，针对单个块进行修改，修改块属性的所有设置，包括每个属性的标记、提示和值；文字样式；图层、线型、颜色及线宽。

命令调用方式：

功 能 区：【插入】|【块】|【编辑属性】|【单个】

下 拉 菜 单：【修改】|【对象】|【属性】|【单个】

命 令 行：EATTEDIT

工 具 栏：【修改 II】|"编辑属性"

双击块的属性,可执行 EATTEDIT 命令。

④创建块之后,针对所有块进行修改,编辑和管理块中所有属性,可实现同步、上移或下移、编辑、删除和设置。

命令调用方式:

功 能 区:【默认】|【块】|【属性,块属性管理器】

功 能 区:【插入】|【块定义】|【管理属性】

下拉菜单:【修改】|【对象】|【属性】|【块属性管理器】

命 令 行:BATTMAN

工 具 栏:【修改Ⅱ】|"块属性管理器"

2. 修改块定义

可以在当前图形中重新定义块。重新定义块影响在当前图形中已经和将要进行的块插入,以及所有的关联属性,重新定义块有两种方法:

①在当前图形中修改块定义。

②修改源图形中的块定义并将其重新插入到当前图形中。

选择哪种方法取决于是仅在当前图形中进行修改还是同时在源图形中进行修改。

修改并重新定义块的步骤如下:

①执行 INSERT 命令插入要修改的块,然后用 EXPLODE 命令将块分解为彼此独立的对象。

②用编辑命令修改分解后的图形和属性。

③执行 WBLOCK 或 BLOCK 命令,选择已修改块的图形和属性重新创建块,可使其名称与原块相同。

8.5　块 的 删 除

删除没有引用过的块。

命令调用方式:

菜单浏览器:【图形实用工具】|【清理】

下拉菜单:【文件】|【绘图实用程序】|【清理】

命 令 行:PURGE

8.6　实 例 分 析

例 8.1　创建用于去除材料的表面粗糙度代号,并将其插入图 8-5 所示的图形中。

操作步骤:

(1)绘制去除材料"表面粗糙度代号 1"块(字高为 3.5)的图形,其尺寸如图 8-6 所示。

①执行 LINE 命令,绘制一条水平辅助线;在【修改】工具栏上单击【偏移】按钮,绘制两条偏移距离分别为 5 和 11.5 的平行辅助线,如图 8-7(a)所示。

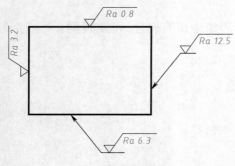

图 8-5 插入块的图形

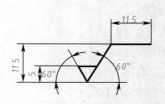

图 8-6 "表面粗糙度代号 1"块的图形尺寸

②启用"极轴追踪"("增量角"可设置为 15°或 30°)、"对象捕捉"和"对象捕捉追踪"。

③将"文字和尺寸"层置为当前层,在【特性】工具栏中将当前颜色设置为青色,线宽为 0.35。

④执行 LINE 命令,按图 8-6 所示尺寸绘制完整图形符号,如图 8-7(a)所示。

⑤单击【修改】工具栏中的【删除】按钮 ✐(或 ERASE 命令)或【Delete】键删除 3 条辅助线。

(2)执行 ATTDEF 命令(简写 ATT),弹出"属性定义"对话框,其设置如图 8-8 所示。单击【确定】按钮,在绘图区域拾取图 8-7(b)所示的位置。

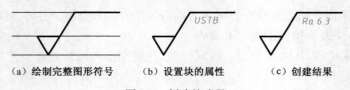

(a)绘制完整图形符号　　　(b)设置块的属性　　　(c)创建结果

图 8-7 创建块步骤

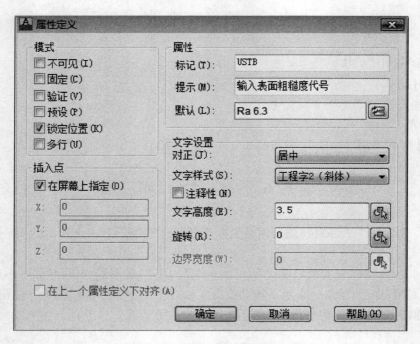

图 8-8 "属性定义"对话框

（3）在命令行中输入 WBLOCK 命令（简写 W），弹出"写块"对话框（图 8-3）。

①单击【选择对象】按钮，在绘图区域选择图 8-7（b）所示的图形和属性标记，按【Enter】键或右击返回【写块】对话框。

②在"基点"选项组中单击【拾取点】按钮，在绘图区域拾取图形符号的"下尖端"。

③在"目标"选项组的"文件和路径"组合框中输入文件名和路径，单击【确定】按钮关闭"写块"对话框，创建结果如图 8-7（c）所示。

（4）在【多重引线】工具栏中选择"带箭头"的多重引线样式，单击【多重引线】按钮，先单击"捕捉到最近点"按钮，然后在图线上拖动光标拾取一点，在合适位置再拾取一点，弹出多行文字"在位文字编辑器"，直接单击【确定】按钮。

（5）在命令行中输入 INSERT 命令（简写 I），弹出"插入"对话框（图 8-4），具体操作如下：

①单击【浏览】按钮，弹出"选择图形文件"对话框，选择已创建的块，单击【确定】按钮。

②在命令行"指定块的插入点："的提示下，先单击【捕捉到最近点】按钮，然后在图线上拖动光标拾取一点。

③在命令行"输入表面粗糙度代号 ＜Ra 6.3＞："的提示下，输入"Ra 0.8"或"Ra 12.5"。

④使用同样方法标注"Ra 3.2"，只是在"插入"对话框的"旋转"选项组的"角度"文本框中输入 90。

例 8.2　创建图 8-9 所示的几何公差"基准符号"块（其图形尺寸的字高为 3.5），并将该块插入到图 8-10 所示的文件中。

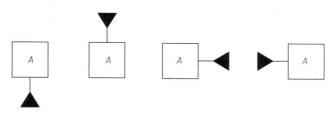

图 8-9　几何公差"基准符号"块

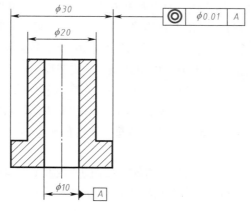

图 8-10　插入"基准符号"块

操作步骤:
(1)绘制几何公差"基准符号"的操作步骤如图 8-11 所示。

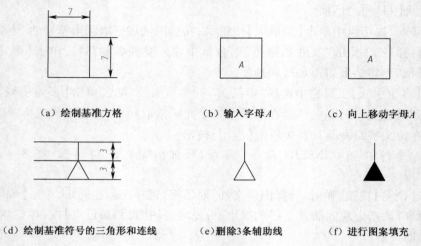

（a）绘制基准方格　　　　　（b）输入字母 A　　　　　（c）向上移动字母 A

（d）绘制基准符号的三角形和连线　　　　（e）删除3条辅助线　　　　（f）进行图案填充

图 8-11　绘制基准符号

①绘制基准方格:利用 RECTANG(简写 REC)命令绘制基准方格,如图 8-11(a)所示。

②输入字母 A:将"文字和尺寸"层置为当前层,并将"工程字 2(斜体)"文字样式置为当前。在【绘图】工具栏中单击【多行文字】按钮 **A**,然后捕捉基准方格的左上角和右下角的点,弹出多行文字"在位文字编辑器",在文字输入框中输入 A,在【文字格式】工具栏中单击按钮 ⍗▾,选择"正中 MC"选项,单击【确定】按钮,效果如图 8-11(b)所示。

③向上移动字母 A[图 8-11(c)]:在【修改】工具栏中单击【移动】按钮 ✥,按命令行的提示操作:

命令:MOVE↙
选择对象:　　　　　　　　　　　　　　　　　　　　　　//拾取 A
指定基点或［位移(D)］<位移>:　　　　　　　　　　　　//拾取一点
指定第二个点或 <使用第一个点作为位移>:@0,0.3↙　　//将字母向上移动 0.3 mm

④绘制基准符号的三角形和连线:启用"极轴追踪"("增量角"可设置为 30°)、"对象捕捉"和"对象捕捉追踪",绘制基准符号的三角形和连线,如图 8-11(d)所示。单击【修改】工具栏中的【删除】按钮 ✐(或用 ERASE 命令)或按【Delete】键删除 3 条辅助线,效果如图 8-11(e)所示。

⑤图案填充:单击【绘图】工具栏中的"图案填充"按钮 ▨,弹出"图案填充和渐变色"对话框,在"图案填充"选项卡的"图案"下拉列表框中选择图案名称为 SOLID;然后单击【拾取点】按钮 ▣,进入绘图区域,在要填充剖面线的三角形封闭区域内单击,按【Space】键或右击,选择【确定】命令,返回"图案填充和渐变色"对话框,单击【确定】按钮,完成图案填充,效果如图 8-11(f)所示。

⑥利用【修改】工具栏中的【复制】和【旋转】按钮进行编辑,效果如图 8-9 所示。

(2)在命令行中输入 WBLOCK 命令(简写 W),分别将图 8-9 所示的 4 个方位的基准符号创建为块,并保存。

(3)在命令行中输入 INSERT 命令(简写 I),弹出"插入"对话框(图 8-4),具体操作如下:
①在"比例"选项组默认设置插入块的比例值为 1。

②选择"分解"复选框。

③在图 8-10 相应位置插入基准符号。

注意：当零件图的图幅为 A0 和 A1 时，应以比例值 1.4 插入其"基准符号"块。

练 习 题

1. 创建"标题栏"块（图 8-12），其块的属性信息见表 8-1，并将其插入到任意一张零件图中，结果如图 8-13 所示。

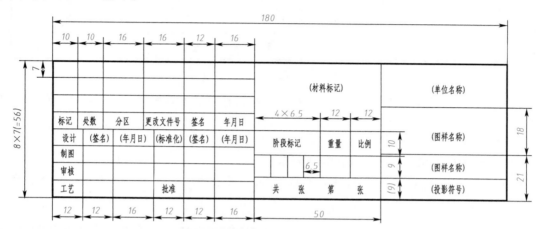

图 8-12　需要创建的"标题栏"块及其尺寸

表 8-1　"标题栏"块的属性信息

属性标记	属性提示	属性默认值
（设计）	输入设计者姓名	无
（日期）	输入绘图日期	无
（材料标记）	输入材料标记	无
（比例）	输入绘图比例	1：1
（重量）	输入零件重量	无
（单位名称）	输入单位名称	USTB
（图样名称）	输入图样名称	无
（图样代号）	输入图样代号	无

操作提示：定义"标题栏"块之后，执行插入块命令。如下：

命令：INSERT↙

指定插入点或［基点(B)/比例(S)/X/Y/Z/旋转(R)］：　　　//捕捉插入点

输入属性值

输入图样代号：HL－00↙

输入图样名称：滑轮↙

输入单位名称：USTB↙

输入零件重量：5kg↙

输入绘图比例 <1:1>：↙

输入材料标记:HT200↙
输入绘图日期:2023.12↙
输入设计者姓名:YGH↙

							HT200			USTB
标记	处数	分区	更改文件号	签名	年、月、日					滑轮
设计	YGH	2023.12	标准化			阶段标记		重量	比例	
审核								5kg	1:1	HL-00
工艺			批准			共 张　　第 张				

图 8-13　创建的"标题栏"块

2. 创建图 8-14 所示的"螺栓主视图"单位块,在图样中插入螺栓块,并将其编辑为 M12×30 螺栓。

操作提示:

(1) 绘制 M10×10 的螺栓,如图 8-14 所示。

(2) 使用 WBLOCK 命令写块,注意选取图 8-14 所示的"基点"位置(图中的中点位置),"写块"对话框如图 8-15 所示。

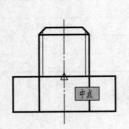

图 8-14　螺栓单位块　　　　　图 8-15　"写块"对话框

(3) 使用 INSERT 命令插入块,注意在图 8-16 所示对话框中选择"统一比例"复选框,选择"比例"为 1.2,并选择"分解"复选框。

(4) 使用 STRETCH 命令,拉伸螺栓的有效长度,从 12 变为 30,如图 8-17 所示。

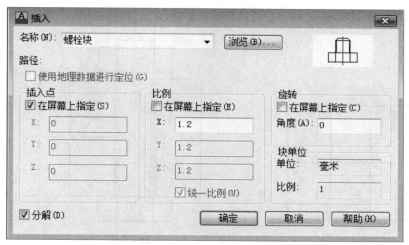

图 8-16　"插入"对话框

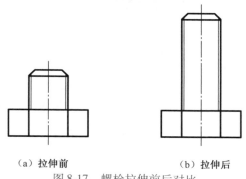

（a）拉伸前　　　　　（b）拉伸后

图 8-17　螺栓拉伸前后对比

3. 创建图 8-18 所示的螺栓块［螺栓《六角头螺栓　全螺纹》（GB/T 5783—2016）M24 ×
110］、螺母块［《1 型六角螺母》（GB/T 6170—2015）M24］和垫圈块［垫圈《平垫圈　A 级》
（GB/T 97.1—2002）24］，在被连接件［图 8-18（d）］图样中依次插入，结果如图 8-18（e）所示。

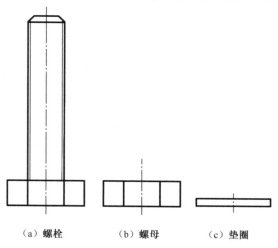

（a）螺栓　　　　　（b）螺母　　　　　（c）垫圈

图 8-18　绘制螺栓连接视图

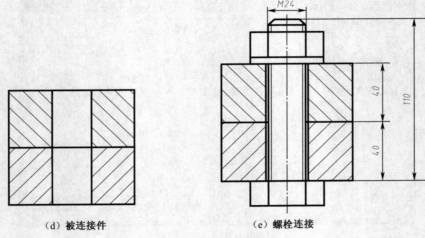

（d）被连接件   （e）螺栓连接

图 8-18　绘制螺栓连接视图（续）

第9章 平面图形、组合体和机件视图的绘制

学习目的与要求

为了巩固前面所学的二维绘图和编辑命令及精确绘图工具,培养良好的绘图习惯,本章介绍平面图形的尺寸分析和绘图步骤,通过实例介绍使用 AutoCAD 绘制圆弧连接平面图形的方法、步骤和技巧。要求:

(1)了解平面图形的尺寸分析与绘制步骤;

(2)熟练绘制圆、点画线和平行线等对象;

(3)熟练完成修剪、延伸、倒角和圆角等操作;

(4)熟练改变线型比例和调整线型长度。

由基本几何形体或简单形体经过叠加或切割而形成的几何形体称为组合体。本章简单介绍使用 AutoCAD 绘制组合体三视图实例。要求:

(1)了解组合体的知识要点;

(2)掌握绘制组合体三视图的基本方法和技巧;

(3)熟练绘制组合体三视图。

在实际工程中,机器及其零件(简称机件)的结构形状是多种多样的,仅用三视图还不能清楚地表达机件,需要使用各种机件表达方法来表达机件的外形和内部结构。要求:

(1)熟练掌握机件各种表达方法,如基本视图、向视图、局部视图、斜视图、全剖、半剖、局部剖、移出断面、重合断面、局部放大图等;

(2)能够使用 AutoCAD 完成绘制机件的视图、剖视图、断面图、局部放大图和简化画法。

9.1 平面图形绘制

9.1.1 平面图形的尺寸分析与绘制步骤

为了快速、准确地绘制图形,在绘图前应对平面图形进行分析,然后按合理的绘图步骤绘图。

1. 平面图形的尺寸分析

对平面图形的尺寸分析主要是分析尺寸在平面图形中的作用。

①定形尺寸:确定平面图形上各封闭线框的形状和大小的尺寸。

②定位尺寸:确定平面图形上各封闭线框相对位置的尺寸,分别以长度基准和高度基准为起点标注尺寸。通常以图形的对称中心线和主要轮廓线等为尺寸基准。

2. 平面图形的绘制步骤

平面图形由一个或多个封闭的图形组成，而每个封闭的图形一般又由若干线段（直线、圆弧）组成，相邻线段彼此相交或相切连接。要正确绘制一个平面图形，必须掌握平面图形的线段分析。根据图形中所标注的尺寸和线段之间的连接关系，图形中的线段可以分成以下三种：

①已知线段：根据图形中所标注的尺寸，可以独立画出的圆、圆弧或直线。

②中间线段：除图形中标注的尺寸外，还需根据一个连接关系才能画出的圆弧或直线。

③连接线段：需要根据两个连接关系才能画出的圆弧或直线。

平面图形的画图步骤如下：

①分析图形，确定基准线。

②画已知线段。

③画中间线段。

④画连接线段。

9.1.2 平面图形绘制实例分析

例 9.1 绘制图 9-1 所示的平面图形。

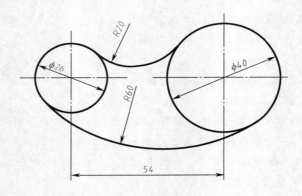

图 9-1 平面图形 1

操作步骤：

（1）绘制点画线

将"点画线"层设置为当前层，在命令行中输入 LINE 命令（简写 L），绘制十字点画线，如图 9-2（a）所示。

在命令行中输入 COPY 命令（简写 CO 或 CP），在命令行的提示下输入相对距离（@ 54，0），如图 9-2（b）所示。

（2）利用圆心和半径方式绘制两圆

在命令行中输入 CIRCLE 命令（简写 C），分别选取两个点画线的交点作为圆心，两个圆的半径分别为 13 和 20 绘制两圆，如图 9-2（c）所示。

（3）利用相切、相切和半径方式绘制两圆

在命令行中输入 CIRCLE 命令（简写 C），选择"切点、切点、半径（T）"方式绘制两圆，两圆的半径分别为 20 和 60，如图 9-2（d）所示。

（4）修剪多余的图线

在命令行中输入 TRIM（简写 TR），分别选择修剪边界和被修剪的对象，修剪结果如图 9-2（e）所示。

（5）调整点画线的长度

使用夹点拉伸对象：打开"正交"模式，在不执行任何命令的情况下选择对象，显示其夹点，然后单击其中一个夹点并拖动改变点画线长度。调整后如图 9-2（f）所示。

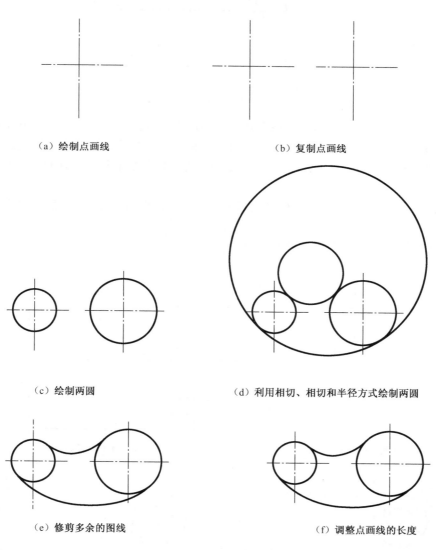

（a）绘制点画线　　　　　　　　　　　（b）复制点画线

（c）绘制两圆　　　　　　　　（d）利用相切、相切和半径方式绘制两圆

（e）修剪多余的图线　　　　　　　　（f）调整点画线的长度

图 9-2　平面图形 1 的绘图步骤

例 9.2　绘制图 9-3 所示的平面图形。

操作步骤：

（1）分析各线段

①定形尺寸：各线段和线框的形状大小尺寸，如：ϕ20、ϕ10、8 等。

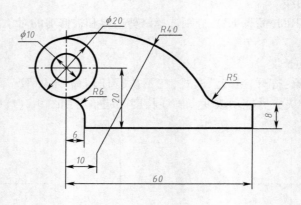

图 9-3　平面图形 2

②定位尺寸：确定某线段或封闭线框在整个图形中所处位置的尺寸，如：20、6、10 等。

③已知线段：根据定形尺寸和定位尺寸可以直接画出的线段，如：φ20、φ10 等。

④中间线段：有定形尺寸和一个方向的定位尺寸，还需要确定另一方向的定位尺寸，如：R40 的圆弧。

⑤连接线段：只有定形尺寸没有定位尺寸的线段，需要通过作图来确定其定位尺寸，如 R5、R6。

（2）绘制图形（图 9-4，步骤省略）

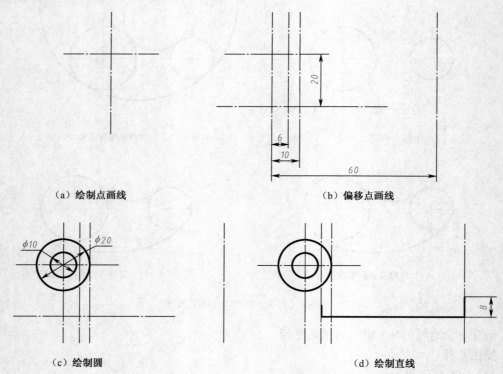

（a）绘制点画线　　　　　　　　　　　　　　（b）偏移点画线

（c）绘制圆　　　　　　　　　　　　　　　　（d）绘制直线

图 9-4　平面图形 2 的绘图步骤

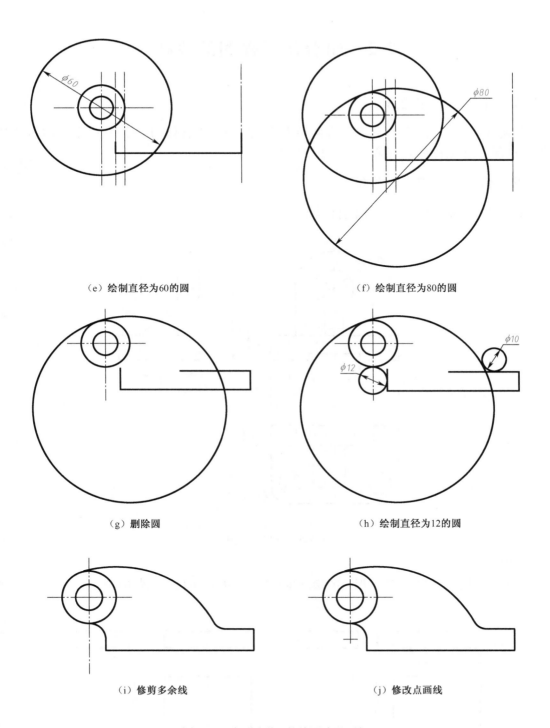

（e）绘制直径为60的圆　　　　　　　　　　（f）绘制直径为80的圆

（g）删除圆　　　　　　　　　　　　　　（h）绘制直径为12的圆

（i）修剪多余线　　　　　　　　　　　　（j）修改点画线

图 9-4　平面图形 2 的绘图步骤(续)

9.2 组合体三视图的绘制

9.2.1 绘制组合体的方法

使用 AutoCAD 绘制组合体主要有两种方法：第一种，组合体的三个视图同步绘制；第二种，先绘制二个视图，再补画第三个视图。

9.2.2 组合体绘制实例分析

例 9.3 绘制图 9-5 所示的组合体。

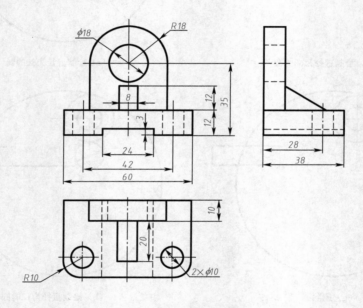

图 9-5 支架三视图

操作步骤：

三个视图同时绘制，支架三视图的绘图步骤如图 9-6 所示（文字描述省略）。

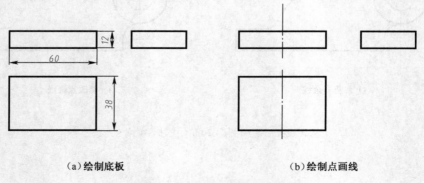

（a）绘制底板   （b）绘制点画线

图 9-6 支架三视图的绘图步骤

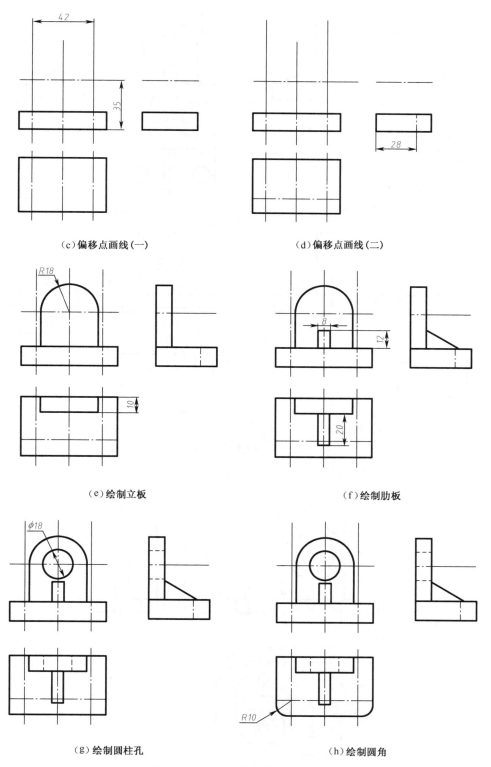

（c）偏移点画线（一）　　　　　　　（d）偏移点画线（二）

（e）绘制立板　　　　　　　　　　　　（f）绘制肋板

（g）绘制圆柱孔　　　　　　　　　　　（h）绘制圆角

图 9-6　支架三视图的绘图步骤（续）

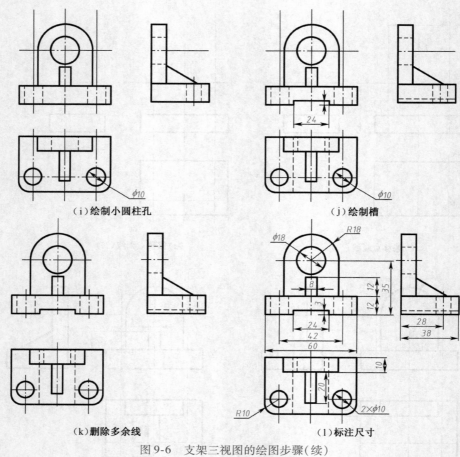

(i)绘制小圆柱孔　　　　　　　　(j)绘制槽

(k)删除多余线　　　　　　　　(l)标注尺寸

图 9-6　支架三视图的绘图步骤(续)

例 9.4　绘制图 9-7 所示的组合体。

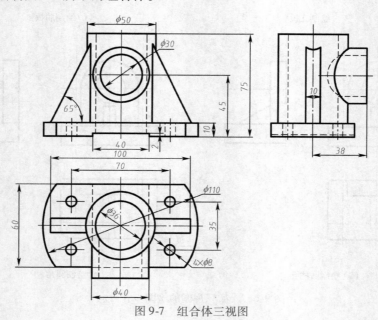

图 9-7　组合体三视图

操作步骤：

先绘制主、俯两个视图，两个视图绘制完成以后，第三个视图由三等关系进行绘制，组合体三视图的绘图步骤如图 9-8 所示（文字描述省略）。

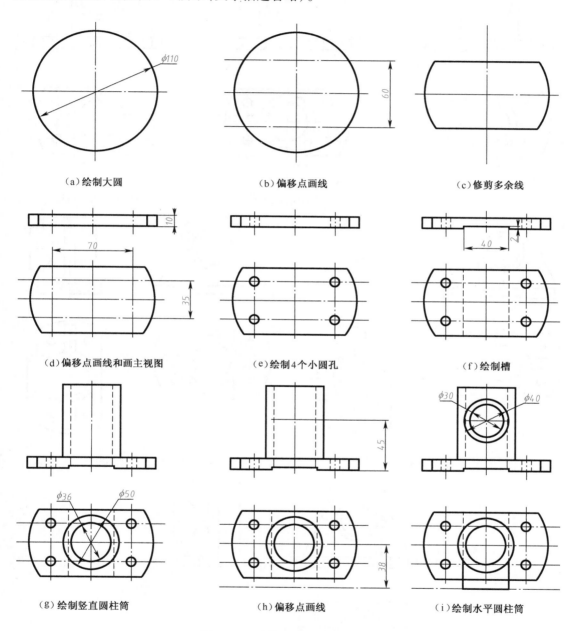

图 9-8　组合体三视图的绘图步骤

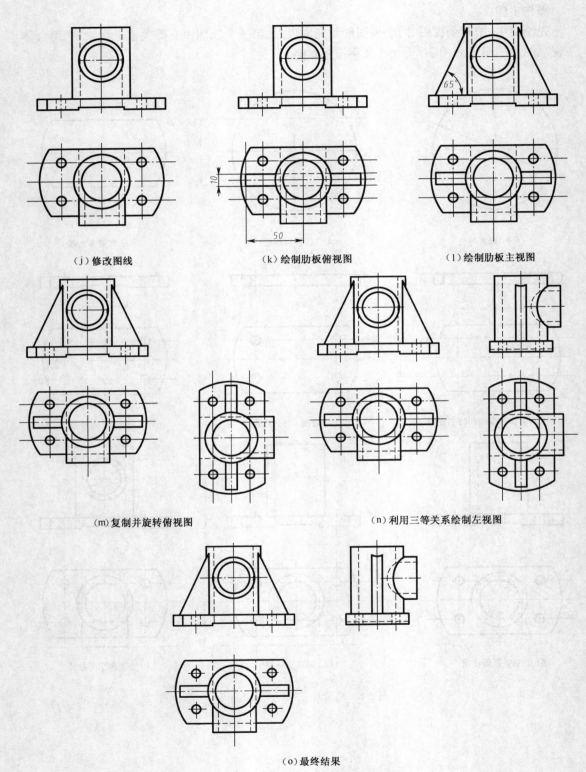

(j)修改图线　　　　　　(k)绘制肋板俯视图　　　　　　(l)绘制肋板主视图

(m)复制并旋转俯视图　　　　　　　　　(n)利用三等关系绘制左视图

(o)最终结果

图 9-8　组合体三视图的绘图步骤(续)

9.3　机件表达绘制

AutoCAD 绘制机件时，为了满足"长对正、高平齐、宽相等"的投影关系要求，主要采用"对象捕捉追踪法""辅助线法""镜像修改法"。

①对象捕捉追踪法：启动"极轴追踪""对象捕捉""对象捕捉追踪"，绘制完成两视图后，将一个视图复制、旋转并移动，然后再利用"对象捕捉追踪"完成第三个视图。例如，先绘制主视图和俯视图，再将俯视图复制、旋转到左视图的上方或下方，再结合"对象捕捉追踪"绘制左视图，满足与主视图"高平齐"，与俯视图"宽相等"。

②辅助线法：用【偏移】命令或【构造线】命令绘制水平和竖直的辅助线，常用【偏移】命令绘制平行的辅助线，再经过修剪或删除等编辑操作完成视图。

③镜像修改法：在绘制方向相反的两个基本视图时，如左视图和右视图，用 MIRROR 命令镜像复制，然后根据可见性改变线型为粗实线或虚线。

绘制剖视图和断面图，剖面符号用【图案填充】命令绘制。局部视图和局部剖视图的断裂边界线用【样条曲线】命令绘制；箭头可用分解尺寸的方法获得，也可以采用【多段线】命令绘制。

例 9.5　绘制斜视图旋转符号，如图 9-9 所示。国家标准规定了斜视图旋转符号，即旋转符号的高度 h = 字体高度，符号笔画宽度 = $h/14$。旋转符号的半径 $R = h$。

图 9-9　斜视图旋转符号

操作步骤：

（1）将"文字和标注"层置为当前层，用 CIRCLE 命令绘制半径为 $R3.5$ 的圆，如图 9-10（a）所示。

（2）用 LINE 命令绘制辅助斜线，以便修剪圆弧，如图 9-10（b）所示。

（3）执行 PLINE 命令绘制圆弧形箭头，其操作如下：

命令：PLINE↙
指定起点：　　　　　　　//捕捉圆右象限点
当前线宽为 0.0000
指定下一个点或 ［圆弧(A)/半宽(H)/长度(L)/放弃(U)/宽度(W)］：W↙
指定起点宽度 <0.0000>：↙
指定端点宽度 <0.0000>：1↙
指定下一个点或 ［圆弧(A)/半宽(H)/长度(L)/放弃(U)/宽度(W)］：A↙
指定圆弧的端点或［角度(A)/圆心(CE)/方向(D)/半宽(H)/直线(L)/半径(R)/第二个点(S)/放弃(U)/宽度(W)］：CE↙
指定圆弧的圆心：　　　　//捕捉圆心

指定圆弧的端点或［角度(A)／长度(L)］：L↙

指定弦长：3.36↙

指定圆弧的端点或［角度(A)／圆心(CE)／闭合(CL)／方向(D)／半宽(H)／直线(L)／半径(R)／第二个点(S)／放弃(U)／宽度(W)］：↙   //结束,如图9-10(c)所示

(4)执行 trim 命令,修剪掉图中大半圆弧[图9-10(d)],然后删除辅助直线[图9-10(e)]。

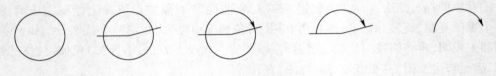

　(a)绘制圆　　(b)绘制辅助斜线　　(c)绘制圆弧形箭头　　(d)修剪圆弧　　(e)删除辅助直线

图 9-10　斜视图旋转符号绘图步骤

例 9.6　绘制滚动轴承 6204《滚动轴承　深沟球轴承　外形尺寸》(GB/T 276—2013)。

操作步骤:

(1)分析图形,确定参数

查表可知参数为滚动轴承内径 $d=20$,外径 $D=47$,宽度 $B=14$;计算可得内外圈半径差 $A=(D-d)/2=13.5$,平均直径 $D_1=(D+d)/2=33.5$,钢球直径 $d_球=A/2=6.75$,各尺寸如图 9-11 所示。

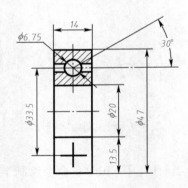

图 9-11　深沟球轴承 6204 的各绘图尺寸

(2)绘制点画线

将"点画线"层设置为当前层,在命令行中输入 LINE 命令(简写 L),绘制十字点画线,如图 9-12(a)所示。

(3)偏移点画线

在命令行中分别输入 OFFECT 命令(简写 O),分别输入偏移距离 23.5 和 7,偏移十字点画线,如图 9-12(b)所示。

在命令行中分别输入 OFFECT 命令(简写 O),分别输入偏移距离 10 和 16.75,偏移点画线,如图 9-12(c)所示。

(4)修剪点画线

在命令行中分别输入 TRIM 命令(简写 TR),选择需要修剪的点画线部分,结果如图 9-12(d)所

示；将轴承的轮廓线置为"粗实线"层，结果如图 9-12(e)所示。

(5)绘制滚动体轮廓线

在命令行中输入 CIRCLE 命令(简写 C)，输入直径尺寸 6.75，绘制圆；在命令行中输入 LINE 命令(简写 L)，捕捉圆的圆心，然后输入@10<30，绘制直线；在命令行中输入 LINE 命令(简写 L)，捕捉 30°直线与圆的交点，绘制直线，如图 9-12(f)所示。

(6)绘制保持架轮廓线

在命令行中输入 TRIM 命令(简写 TR)，选择需要修剪的直线部分；在命令行中分别输入 MIRROR 命令(简写 MI)，选择需要镜像的直线，结果如图 9-12(g)所示。

(7)绘制保持十字线部分

在命令行中输入 TRIM 命令(简写 TR)，选择需要修剪的点画线部分，结果如图 9-12(g)所示；在命令行中输入 SCALE 命令(简写 SC)，选择需要缩放的点画线，在命令行中输入缩放比例因子 2/3，然后选中十字线部分，将其放置于粗实线层，结果如图 9-12(h)所示。

(8)绘制剖面线

将"细实线"层设置为当前层，在命令行中输入 BHATCH 命令(简写 BH)，选择需要填充的区域，结果如图 9-12(i)所示。

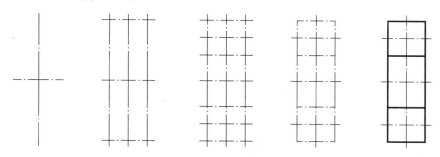

(a)绘制点画线　(b)偏移点画线(1)　(c)偏移点画线(2)　(d)修剪点画线　(e)修改图线线型

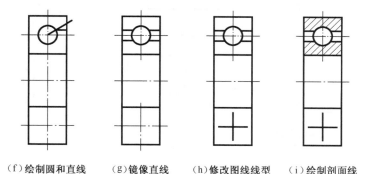

(f)绘制圆和直线　(g)镜像直线　(h)修改图线线型　(i)绘制剖面线

图 9-12　绘制滚动轴承

例 9.7　根据图 9-13 已知立体的两个视图，按 1∶1 比例画出立体的三视图，并在主、左视图上选取适当剖视，不标注尺寸。

操作步骤：

组合体剖视图的绘图步骤如图 9-14 所示(文字描述省略)。

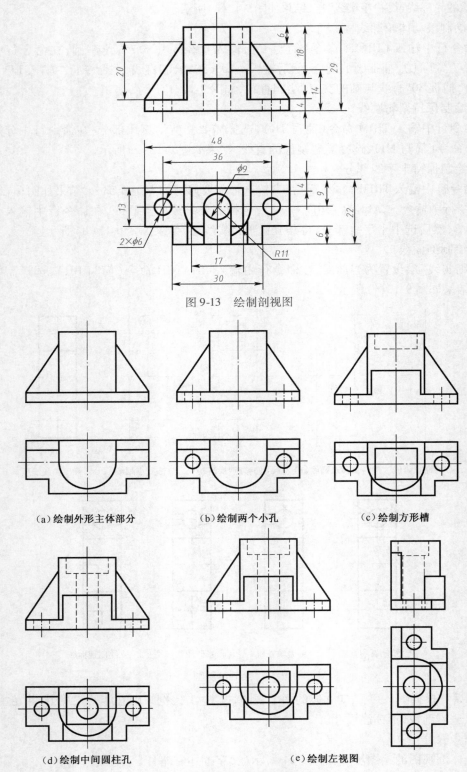

图 9-13　绘制剖视图

（a）绘制外形主体部分　　　（b）绘制两个小孔　　　（c）绘制方形槽

（d）绘制中间圆柱孔　　　（e）绘制左视图

图 9-14　绘制剖视图步骤

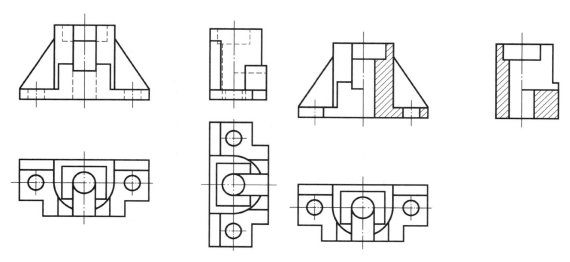

（f）绘制前方的槽　　　　　　　　　　（g）绘制半剖主视图和全剖左视图

图 9-14　绘制剖视图步骤（续）

练 习 题

1. 按 1：1 的比例抄画图 9-15 所示的图形。

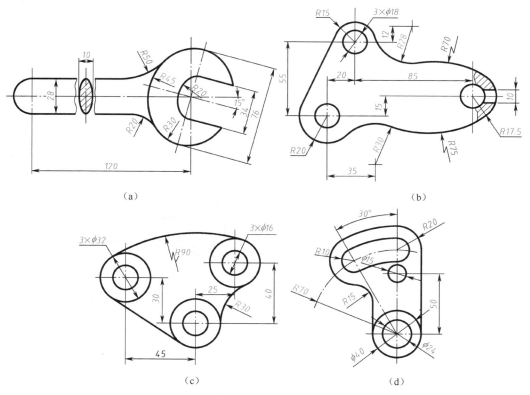

（a）

（b）

（c）

（d）

图 9-15　平面图形

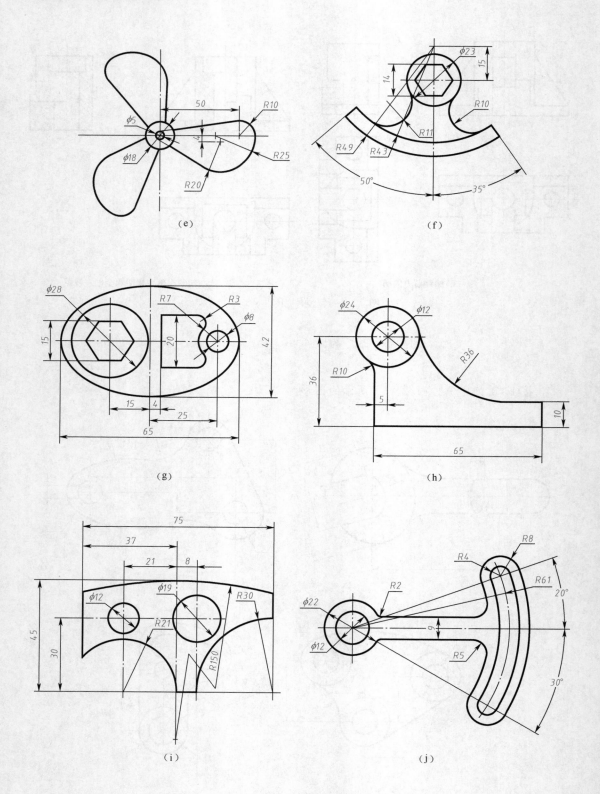

图 9-15　平面图形(续)

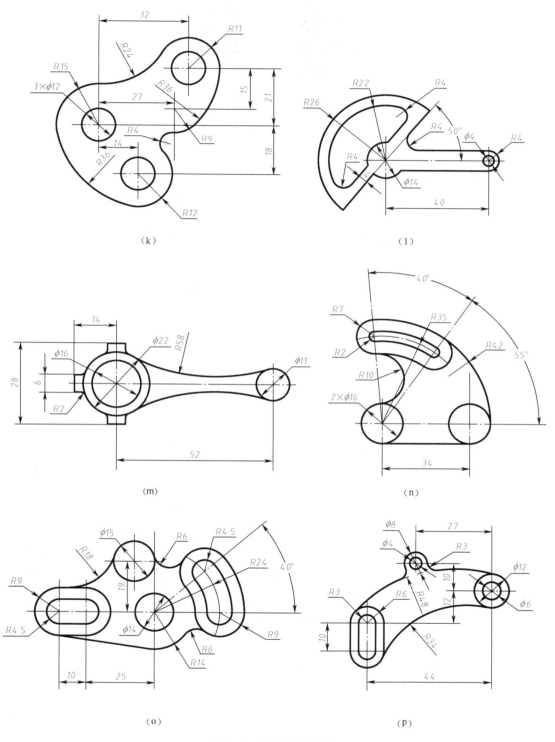

（k）

（l）

（m）

（n）

（o）

（p）

图 9-15　平面图形(续)

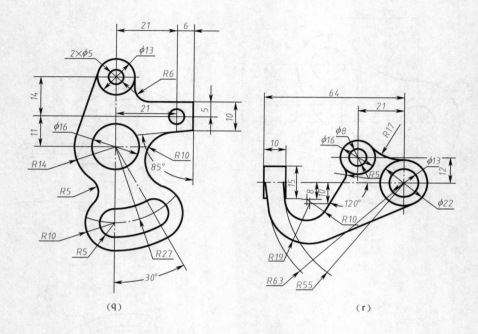

图 9-15　平面图形(续)

2. 绘制图 9-16 所示三视图。

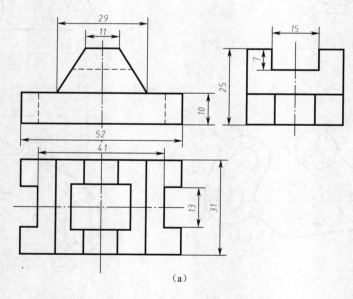

(a)

图 9-16　绘制三视图

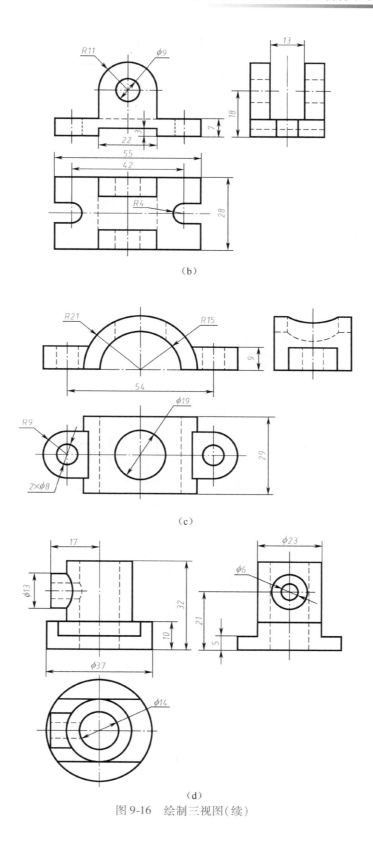

（b）

（c）

（d）

图 9-16 绘制三视图（续）

3. 按 1∶1 比例抄画图 9-17 所示的两视图，补画左视图，不标注尺寸（参考答案见图 9-18）。

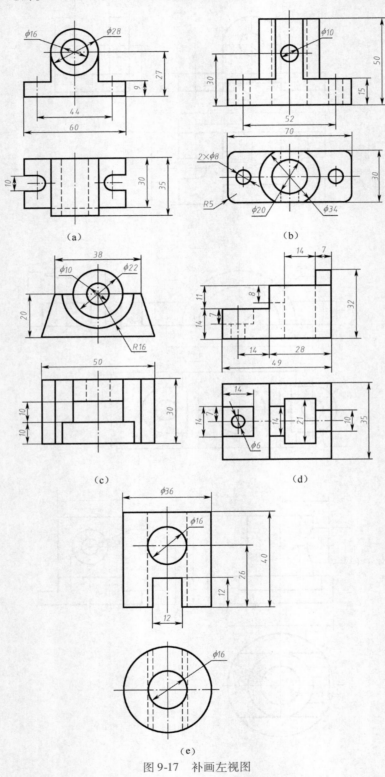

图 9-17　补画左视图

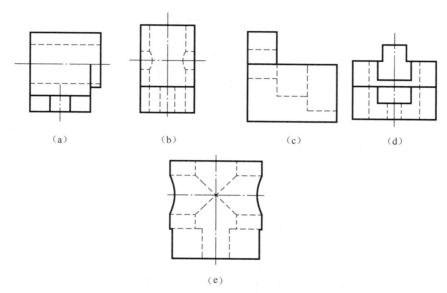

(a)　　　　　(b)　　　　　(c)　　　　　(d)

(e)

图 9-18　参考答案

4. 按 1∶1 的比例抄画图 9-19 所示形体的主视图和俯视图,补画其半剖的左视图(不画虚线,不标注尺寸)。

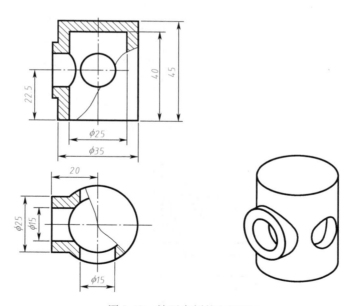

图 9-19　补画半剖的左视图

5. 按 1∶1 的比例抄画图 9-20 所示形体的俯视图和左视图,补画其半剖的主视图(不画虚线,不标注尺寸)。

6. 按 1∶1 的比例抄画图 9-21 所示形体的主视图和左视图,补画其俯视图。

7. 根据图 9-22 中已知立体的两个视图,按 1∶1 比例画出立体的三视图,并在主、左视图上选取适当剖视,不标注尺寸。

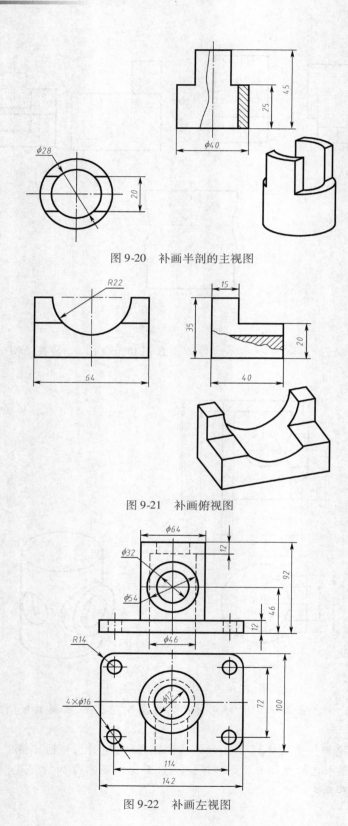

图 9-20 补画半剖的主视图

图 9-21 补画俯视图

图 9-22 补画左视图

8. 根据图 9-23 已知立体的两个视图,按 1 : 1 比例画出立体的三视图,并在主、左视图上选取适当剖视,不标注尺寸。

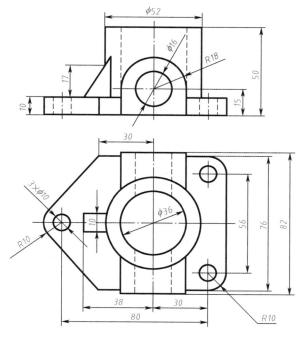

图 9-23　补画左视图

9. 根据图 9-24 已知立体的两个视图,按 1 : 1 比例画出立体的三视图,并在主、左视图上选取适当剖视,不标注尺寸(参考答案见图 9-25)。

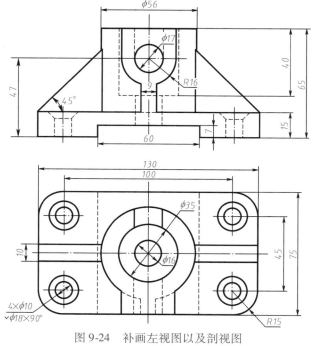

图 9-24　补画左视图以及剖视图

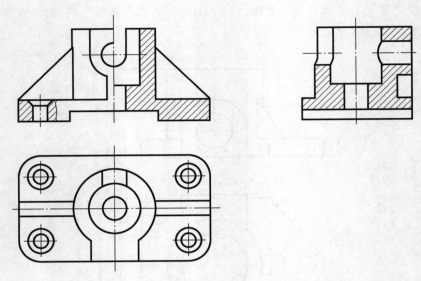

图 9-25　参考答案

10. 绘制图 9-26 所示的图形,并标注尺寸。

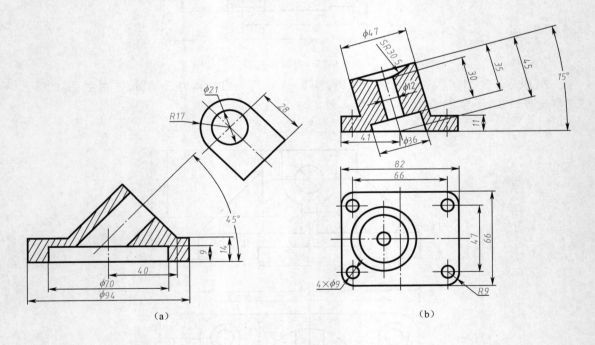

（a）　　　　　　　　　　　　（b）

图 9-26　绘制剖视图

11. 绘制图 9-27 所示齿轮视图,并标注尺寸。

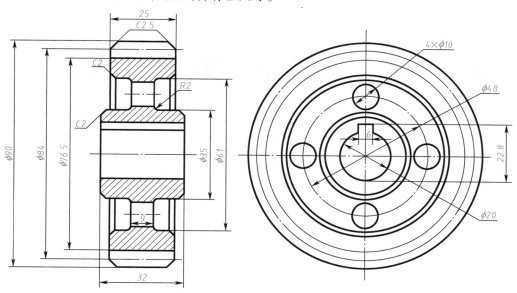

图 9-27 绘制齿轮

12. 绘制图 9-28 所示轴的视图,并标注尺寸。

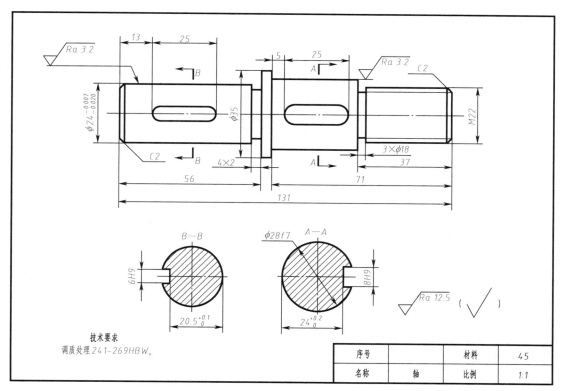

技术要求
调质处理241-269HBW。

序号		材料	45
名称	轴	比例	1:1

图 9-28 绘制轴的零件图

第 10 章　零件图和装配图的绘制

学习目的与要求

　　机器或部件是由一些零件按一定装配关系和技术要求装配而成。表达零件的图样为零件图,标准件不需要画零件图,而非标准件(常用件和一般件)应绘制零件图。本章主要介绍用 AutoCAD 绘制符合国家标准的零件图的全过程。要求:

　　(1)掌握 AutoCAD 绘制零件图的方法和步骤;

　　(2)正确表达零件的视图、合理标注尺寸;

　　(3)熟练标注极限与配合、表面粗糙度和几何公差;

　　(4)学会注写零件图的文字。

　　表达机器或部件的图样称为装配图。AutoCAD 软件具有绘制装配图的强大优势。本章以装配图为实例,重点介绍用 AutoCAD 绘制符合国家标准的装配图的全过程。要求:

　　(1)掌握 AutoCAD 绘制装配图的方法和绘制步骤;

　　(2)正确绘制装配图的视图、合理标注装配图的必要尺寸;

　　(3)熟练标注技术要求;

　　(4)学会注写标题栏、零部件序号和明细表。

10.1　零件图的绘制

10.1.1　绘制零件图的方法和步骤

1. 绘制零件图的方法

用 AutoCAD 绘制零件图,一般综合应用如下 4 种方法。

(1)对象捕捉追踪法和辅助线法

在绘制工程图样时,通常采用"对象捕捉追踪法"和"辅助线法",以满足三等关系,即"长对正""高平齐""宽相等"的投影关系要求。

(2)坐标定位法

通过给定视图中各点的准确坐标值来绘制零件图。先用坐标定位法绘制出作图基准线,确定各个视图位置,然后再运用其他方法绘制完成图形。

①用相对直角坐标或相对极坐标定位绘图(需要输入"@")。

②用"栅格显示""栅格捕捉""正交""对象捕捉"等功能精确定位绘图工具绘图。例如,"对象捕捉"中的"捕捉自"功能非常有用,可以准确定位一点到另一点的坐标位置。

（3）带基点复制法

带基点复制法是用 COPYBASE 命令将已画好标题栏、表面粗糙度和技术要求的基点和图形及文字复制到剪贴板，然后在零件图中按基点粘贴，通过双击编辑其中文字。具体步骤为：

①打开或切换到带有标题栏的图形文件，选择菜单栏中的【编辑】|【带基点复制】命令，按命令行提示操作。

②打开或切换到零件图的图形文件，按【Ctrl + V】组合键或选择菜单栏中的【编辑】|【粘贴】命令，按命令行提示操作。

（4）插入法

通过 INSERT 命令，插入已保存的外部块（如表面粗糙度等）绘制零件图。应建立常用图形库和符号库，以便快速插入零件图中。

2. 绘制零件图的步骤

在绘图前，要了解、分析零件并确定其表达方案，然后用 AutoCAD 绘制零件图。

（1）创建新图

可用多种方式创建新图，通常调用零件图的图形样板文件或打开已有零件图，再另存为一个新图，其中保存各种设置，包括图纸幅面、图层、文字样式、尺寸标注样式以及图框和标题栏等。在绘制零件图之前，应按图幅大小创建若干个零件图的图形样板。

（2）绘制图形

灵活应用"栅格显示""正交""极轴追踪""对象捕捉""对象捕捉追踪""显示线宽"等绘图工具的开启和关闭状态以及各种绘图命令和编辑命令绘图。在绘制过程中，应根据零件图形的对称性和重复性等特征，恰当运用复制、镜像和阵列等编辑命令。

3. 标注尺寸及尺寸公差

①将"文字和尺寸"层置为当前层，并在【样式】工具栏中将"机械工程标注"标注样式置为当前尺寸标注样式。

②标注全部尺寸，其中带有极限偏差尺寸常用【多行文字】命令的"堆叠"功能进行标注。

4. 标注表面粗糙度和几何公差

（1）标注表面粗糙度

AutoCAD 无直接标注表面粗糙度代号的功能，通常将其表面粗糙度创建成两个块，一个用于去除材料获得的表面；另一个用于不去除材料获得的表面，然后插入到零件图中。

（2）标注几何公差

①标注几何公差框格的 3 种方式：执行 QLEADER 命令标注带引线的几何公差框格；在【标注】工具栏中单击【公差】按钮，标注不带引线的几何公差框格；采用带基点复制法将其他图形中常用几何公差框格模板复制到当前零件图中。

②标注基准符号：采用带基点复制法，将"基准符号"块图形文件中的基准符号复制到零件图中；或采用插入法，将"基准符号"块插入到零件图中。

5. 文字标注

将"文字和尺寸"层置为当前层，并将"工程字（斜体）"文字样式置为当前。在【绘图】工具栏中单击【多行文字】按钮，标注技术要求和标题栏等。

此外，齿轮的零件图中应该有啮合特性表，绘制表格并标注文字有两种方式：

①用绘图和编辑命令,可用如下几种方式绘制表格,然后在【绘图】工具栏中单击【多行文字】按钮,标注文字。

- 【直线】命令结合【定数等分点】命令。
- 【直线】命令结合【偏移】命令。
- 【直线】命令结合对象捕捉"捕捉自"模式。

②执行 TABLE STYLE 命令设置表格样式,再用 TABLE 命令绘制表格及输入文字。

6. 调整、保存和打印出图

检查图形,对零件图视图、文字和尺寸进行整体调整,并保存,可按要求打印出图。

10.1.2　零件图绘制实例

下面以图 10-1 所示壳体为例,介绍绘制零件图的方法和步骤。

1. 形体分析

由图 10-1 可以看出,壳体可以分为 7 部分,分别为底板、圆柱筒、水平圆柱、水平圆柱筒、拱形圆柱筒、法兰盘和肋板。

图 10-1　壳体不同方向的轴测图

2. 视图选择

从零件分类来看,此零件为箱体类零件(壳体类零件),主视图应重点考虑工作位置和主要结构的形状特征,一般需要 3 个或更多的基本视图,并用局部视图和断面图等表达局部结构。

该壳体的外形和内部结构比较复杂,可选用 3 个基本视图,如图 10-2 所示。

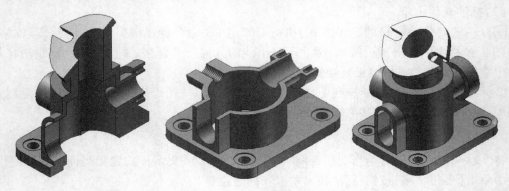

图 10-2　采用 3 个基本视图表达

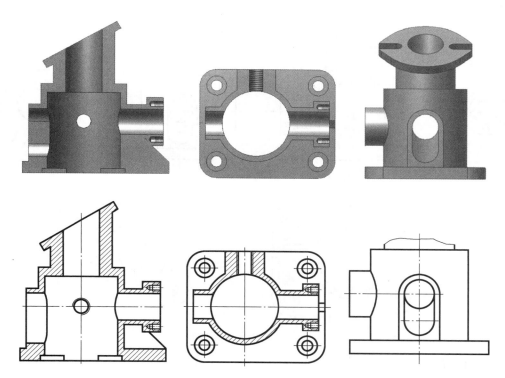

图 10-2　采用 3 个基本视图表达(续)

该壳体可选用 3 个局部视图或斜视图来表达局部的部分结构,如图 10-3 所示。

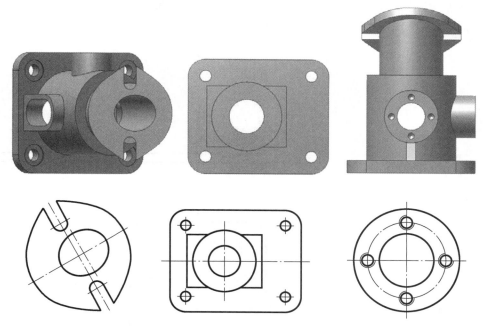

图 10-3　采用 3 个局部视图(或斜视图)表达

经过以上分析后可以看出该壳体的表达方案如图 10-4 所示。

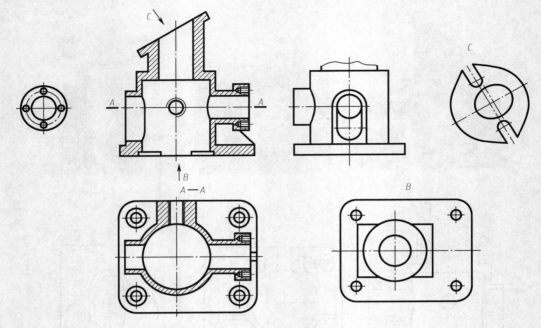

图 10-4　壳体的表达方案

3. 绘制零件图

操作步骤：

①画出主视图、俯视图和左视图的主要中心线，如图 10-5 所示。

②画出底板的主体，底板的长、宽、高分别为 120、100、10，底板的圆角半径为 $R15$（图 10-6），沉孔之间的距离分别为 90 和 70。

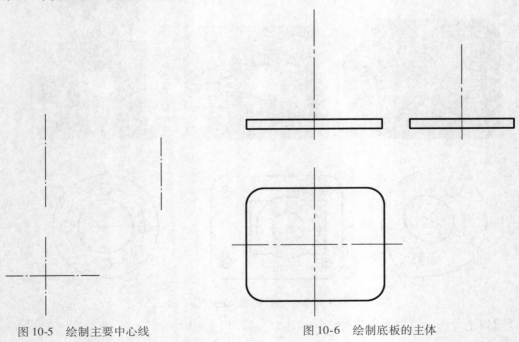

图 10-5　绘制主要中心线　　　　　　图 10-6　绘制底板的主体

③画出底板上的沉孔,沉孔的直径尺寸分别为 $\phi 18$ 和 $\phi 10$,沉孔的深度为 1,如图 10-7 所示。

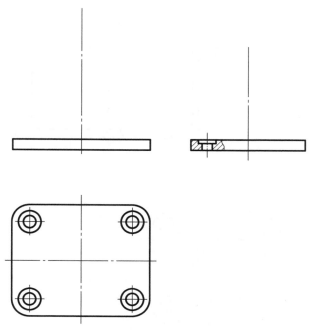

图 10-7　绘制底板上的沉孔

④使用【移动】命令,将主视图和俯视图的中心线沿长度方向向左偏移距离 10,如图 10-8 所示。

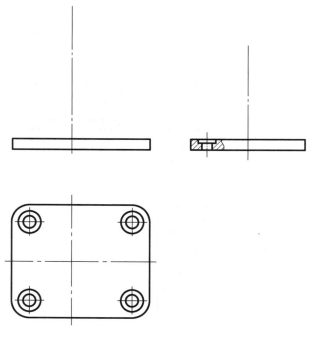

图 10-8　移动中心线

⑤画出下圆柱筒的主体部分，其直径分别为 ϕ70 和 ϕ60，在主视图的高度分别为 78 和 70，如图 10-9 所示。

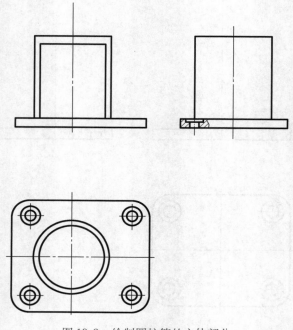

图 10-9　绘制圆柱筒的主体部分

⑥画出后面水平圆柱及其螺纹孔部分，圆柱的直径为 ϕ34，高度为 45，螺纹的大径为 ϕ12，如图 10-10 所示。

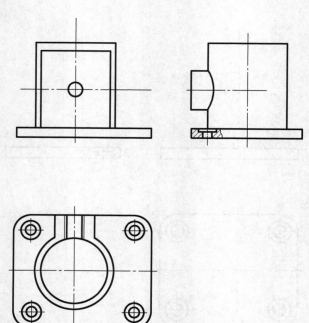

图 10-10　绘制水平圆柱及其螺纹孔部分

⑦画出左侧水平拱形圆柱筒的部分,其半径分别为 $R15$ 和 $R11$,其最左端面距圆柱中心距离为 45,长圆柱孔之间的距离为 20,如图 10-11 所示。

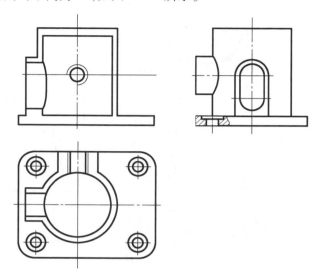

图 10-11 绘制左侧水平拱形圆柱筒部分

⑧画出右侧水平阶梯圆柱筒部分,其直径分别为 $\phi42$ 和 $\phi30$,其中大圆柱的高度为 14,其最右端面距圆柱中心距离为 65,圆柱孔的直径为 $\phi22$;画出四个螺纹孔,其大径为 $\phi5$,钻孔深度为 10,螺纹孔深度为 7;同时画出其局部视图,四个螺纹孔的定位尺寸为 $\phi31$,如图 10-12 所示。

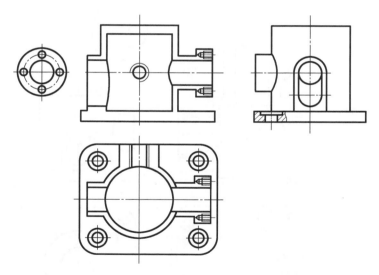

图 10-12 绘制右侧水平阶梯圆柱筒部分

⑨画出底面方形圆柱槽部分,圆柱槽的长、宽、高分别为 68、53、4,如图 10-13 所示。

⑩画出上面法兰盘部分,倾斜部分与竖直中心线成 65°,其高度为 117.1,其直径为 $\phi70$,其圆心与内孔圆心的距离为 4,其厚度为 7,其上的两个 U 形槽之间的距离为 49,U 形槽的半径为 $R5$,上面圆柱的外径为 $\phi50$,内孔的直径为 $\phi30$,如图 10-14 所示。

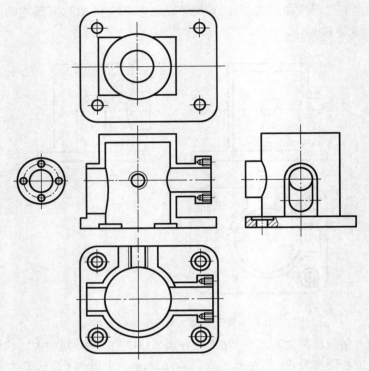

图 10-13　绘制底面方形圆柱槽部分

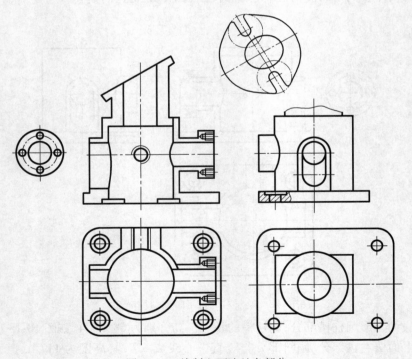

图 10-14　绘制上面法兰盘部分

⑪添加肋板,肋板的宽度为7,肋板右侧斜线上端点距离右侧端面距离为9,如图 10-15 所示。

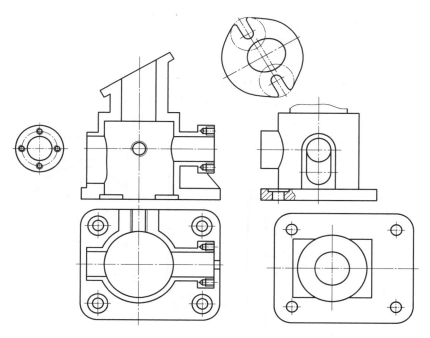

图 10-15　绘制肋板

⑫添加所有视图的铸造圆角和剖面线,并移动局部视图到合适的位置并添加相应标注,如图 10-16 所示。

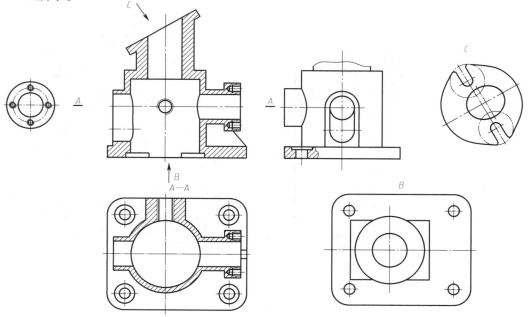

图 10-16　绘制铸造圆角和剖面线

⑬添加所有的尺寸标注,如图 10-17 所示。

⑭添加表面粗糙度,如图 10-18 所示。

⑮添加文字技术要求、图框和标题栏等,如图 10-19 所示。

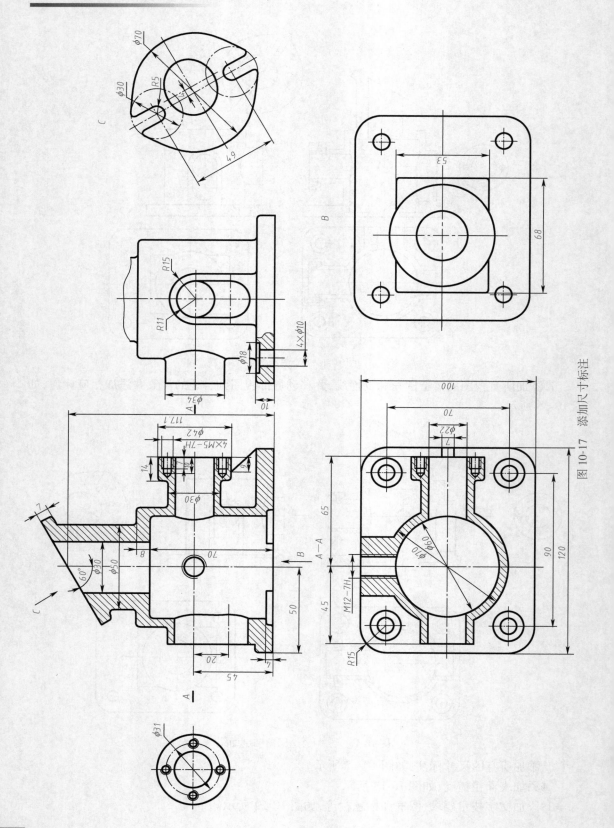

图 10-17　添加尺寸标注

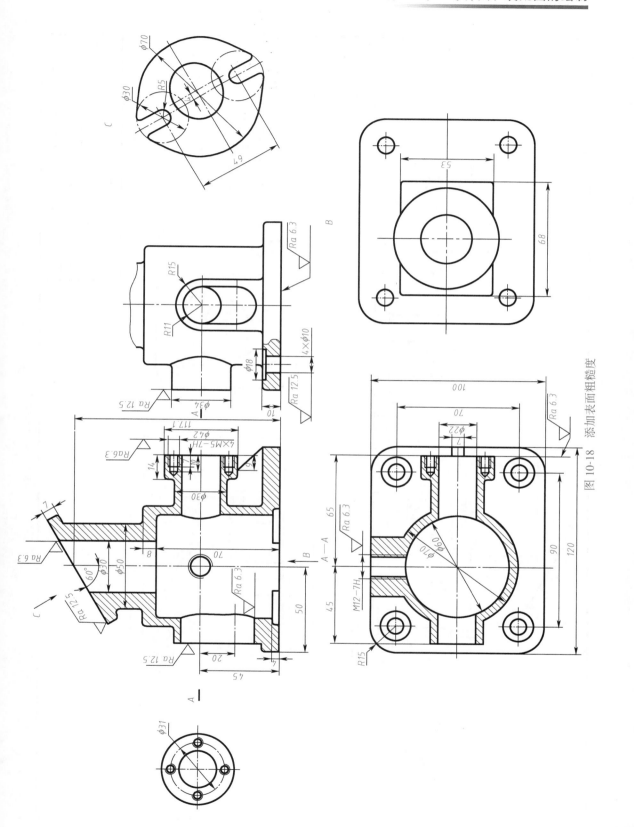

图 10-18　添加表面粗糙度

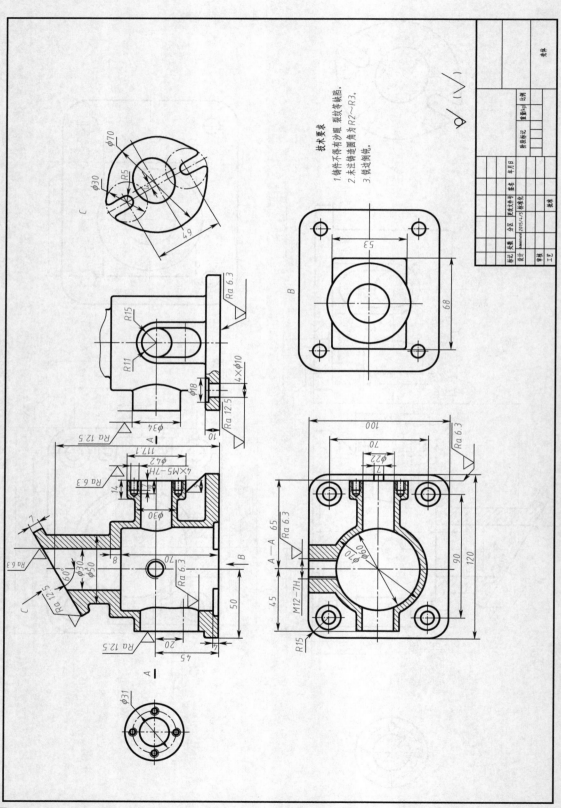

图 10-19　最终零件图

10.2　装配图的绘制

10.2.1　绘制装配图的方法

用 AutoCAD 绘制装配图有多种方法,下面介绍常用的 3 种拼画装配图的方法。

1. 带基点复制法

带基点复制法是用 COPYBASE 命令将零件图的基点和图形复制到剪贴板,然后在装配图中按基点粘贴,具体操作如下:

①打开或切换到零件图的图形文件,选择菜单栏中的【编辑】|【选择性粘贴】命令,按命令行提示捕捉拾取插入点选择要复制到装配图中的零件图线。

②打开或切换到装配图的图形文件,按【Ctrl + V】组合键或选择菜单栏中的【编辑】|【粘贴】命令,捕捉拾取一点指定插入点。

2. 插入法

用 INSERT 命令或通过【设计中心】选项板,弹出"插入"对话框,插入零件图,然后经过删除和移动等编辑操作完成拼画装配图。

①用 INSERT 命令插入:先将组成机器或部件的各零件图形创建成块,然后按零件间的相对位置关系,逐个用 INSERT 命令将零件图的块或整个文件插入当前装配图的图形文件。插入零件图文件时,其插入的基点为零件图形文件的坐标原点(0,0)。

②通过【设计中心】选项板插入:单击【标准】工具栏中的【设计中心】按钮,弹出"设计中心"选项板,在树状图中浏览要插入的零件图所在文件夹,而在内容区域显示其零件图文件(* . dwg),然后右击零件图文件名,在弹出的快捷菜单中选择【插入为块】命令。

3. 直接法

对于比较简单的装配图,可以直接利用 AutoCAD 的二维绘图及编辑命令,直接按装配图的绘图步骤将其绘制出来。

测绘机器或部件时,先绘制零件图(必要时要画出装配示意图),然后拼画装配图。

注意:装配示意图是用简单线条示意性画出机器或部件大致轮廓的一个图形。通常各零件的表达是不受前后层次的限制而把所有的零件图集中画出装配示意图,且应符合《机械制图　机构运动简图用图形符号》(GB/T 4460—2013)有关规定。

要绘制装配图,首先应由各零件图和装配示意图全面分析机器或部件的工作原理、传动路线、结构特点和各零件的装配关系,然后选择并绘制主视图及其他视图。AutoCAD 绘制装配图的步骤如下:

①创建新图。通常打开装配图的图形样板文件。

②绘制装配体的零件图。

③由零件图拼画完成装配图。主要包含设置绘图比例;绘制视图基准线;拼画装配图;绘制剖面符号等。

④工程标注。主要包括标注必要的尺寸;编写零部件序号;注写标题栏和明细表;在装配图的适当位置标注技术要求、剖切符号和文字等。

⑤调整、保存和打印出图。

10.2.2　装配图绘制实例

根据给定的低速滑轮装置各个零件的零件图（图 10-20），按 1∶1 的比例绘制低速滑轮装置装配图，标注零件序号并标出配合尺寸和总体尺寸。

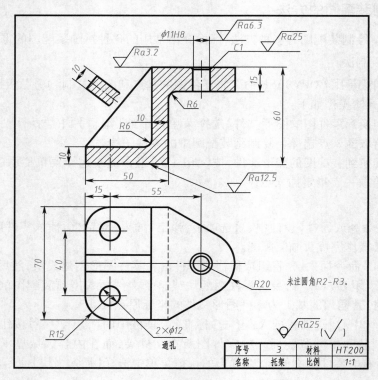

（a）托架

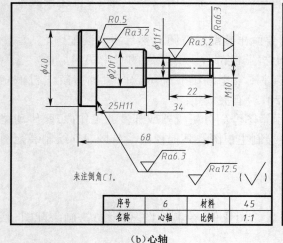

（b）心轴

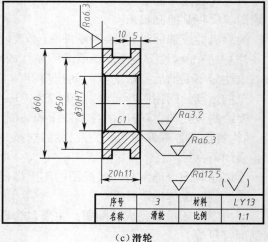

（c）滑轮

图 10-20　低速滑轮装置各个零件的零件图

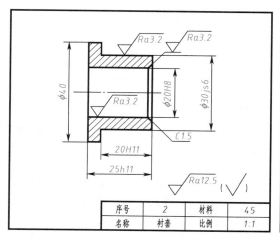

（d）衬套

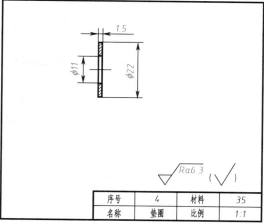

（e）垫圈

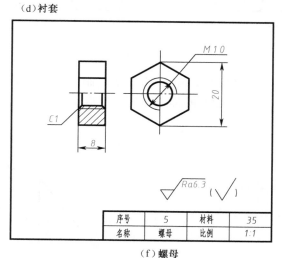

（f）螺母

图 10-20　低速滑轮装置各个零件的零件图（续）

操作步骤：

（1）分别打开"滑轮"和"衬套"的零件图，用"带基点复制法"分别将滑轮和衬套复制到装配图中，如图 10-21 所示；使用 ROTATE（简写 RO）命令，将滑轮和衬套分别旋转 90°，如图 10-22 所示。

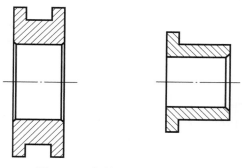

图 10-21　复制"滑轮"和"衬套"

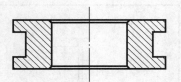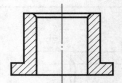

图 10-22　旋转"滑轮"和"衬套"

(2)使用 MOVE(简写 M)命令,将滑轮移动到衬套的相应位置,如图 10-23 所示;使用 TRIM(简写 TR)命令,将滑轮被遮住的轮廓线修剪掉,如图 10-24 所示。

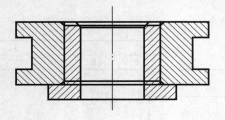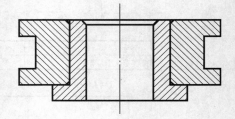

图 10-23　移动"衬套"　　　　　　　　　　　　　　图 10-24　删除多余线

(3)打开"托架"零件图,用"带基点复制法"将托架复制到装配图中,如图 10-25 所示;使用 MOVE(简写 M)命令,将滑轮和衬套共同移动到托架的相应位置,如图 10-26 所示。

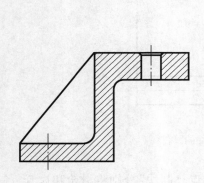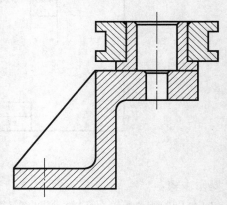

图 10-25　复制"托架"　　　　　　　　　　　　　　图 10-26　移动滑轮和衬套

(4)打开"心轴"零件图,用"带基点复制法"将心轴复制到装配图中,如图 10-27 所示;使用 ROTATE(简写 RO)命令,将心轴旋转 90°,如图 10-28 所示。

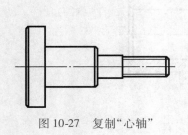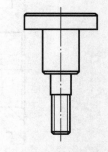

图 10-27　复制"心轴"　　　　　　　　　　　　　　图 10-28　旋转"心轴"

（5）使用 MOVE（简写 M）命令，将心轴移动到装配图的相应位置，如图 10-29 所示；其需要修剪的部分如图 10-30 所示；使用 TRIM（简写 TR）命令，将被遮住的轮廓线修剪掉，如图 10-31 所示；放大被修剪的部分如图 10-32 所示。修改托架剖面线的方向。

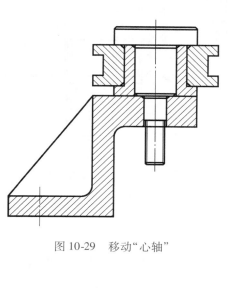

图 10-29　移动"心轴"

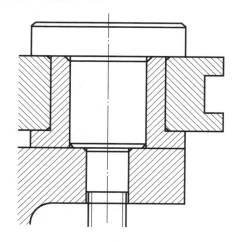

图 10-30　放大需要修剪部分

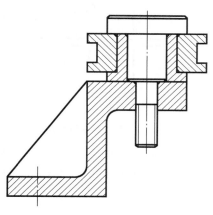

图 10-31　修剪后结果

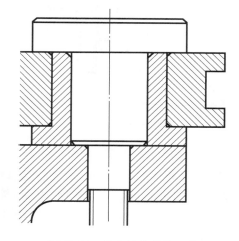

图 10-32　放大被修剪的部分

（6）打开"垫圈"零件图，用"带基点复制法"将垫圈复制到装配图中，如图 10-33 所示。使用 ROTATE（简写 RO）命令，将垫圈旋转 90°，如图 10-33 所示。因为垫圈是标准件，所以在装配图中，可以按不剖来画，因此选中相应的轮廓线和剖面线，按【Delete】键删除掉，如图 10-33 所示。

（7）使用 MOVE（简写 M）命令，将垫圈移动到装配图的相应位置，如图 10-34 所示；其需要修剪的部分如图 10-35 所示；使用 TRIM（简写 TR）命令，将心轴被遮住的轮廓线修剪掉，如图 10-36 所示；放大被修剪的部分如图 10-37 所示。

（8）打开"螺母"零件图，用"带基点复制法"将螺母复制到装配图中，如图 10-38 所示。使用 ROTATE（简写 RO）命令，将螺母旋转 90°，如图 10-38 所示。因为螺母是标准件，所以在装配图中，可以按不剖来画，因此选中相应的轮廓线和剖面线，按【Delete】键删除掉，如图 10-38 所示。

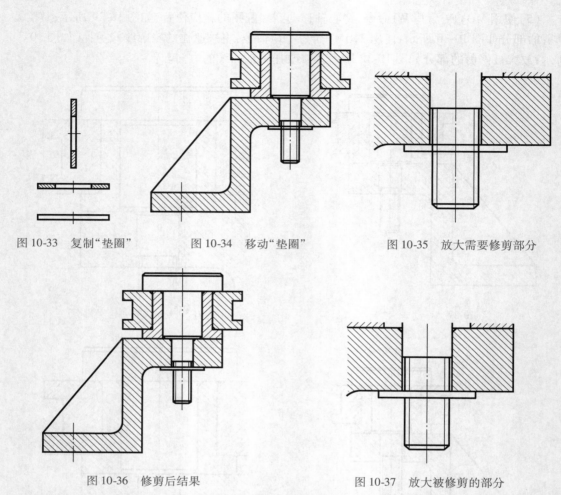

图 10-33　复制"垫圈"　　　图 10-34　移动"垫圈"　　　图 10-35　放大需要修剪部分

图 10-36　修剪后结果　　　　　　　　图 10-37　放大被修剪的部分

（9）使用 MOVE（简写 M）命令，将螺母移动到装配图的相应位置，如图 10-39 所示；其需要修剪的部分如图 10-40 所示；使用 TRIM（简写 TR）命令，将螺母被遮住的轮廓线修剪掉，如图 10-41 所示；放大被修剪的部分如图 10-42 所示。

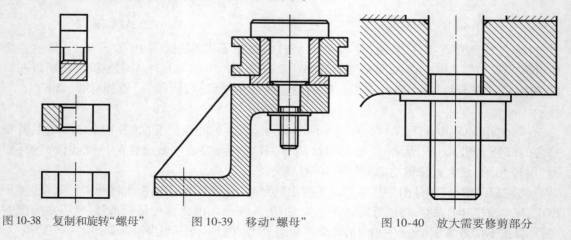

图 10-38　复制和旋转"螺母"　　　图 10-39　移动"螺母"　　　图 10-40　放大需要修剪部分

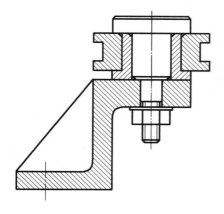

图 10-41　修剪后结果

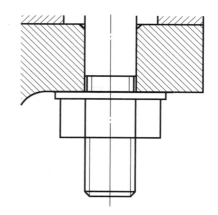

图 10-42　放大被修剪的部分

（10）托架水平投影，如图 10-43 所示；使用 CIRCLE（简写 C）命令，绘制滑轮的水平投影，如图 10-44 所示；使用 TRIM（简写 TR）命令，将被遮住的轮廓线修剪掉，选中需要删除的轮廓线按【Delete】键删除，如图 10-45 所示。使用 CIRCLE（简写 C）命令，绘制心轴的水平投影，如图 10-46 所示。

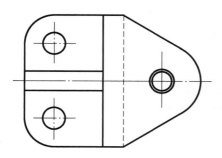

图 10-43　托架水平投影

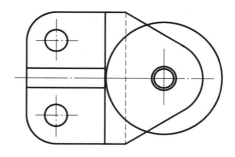

图 10-44　绘制滑轮的水平投影

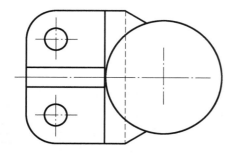

图 10-45　剪掉多余线

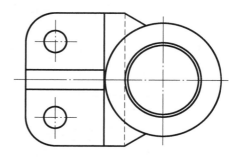

图 10-46　绘制心轴的水平投影

（11）在装配图中标注出规格尺寸、配合尺寸、安装尺寸和总体尺寸等，如图 10-47 所示；标注装配图中的序号，如图 10-47 所示。

（12）画出标题栏和明细表，并填写相应内容，最终的低速滑轮装置图如图 10-48 所示。

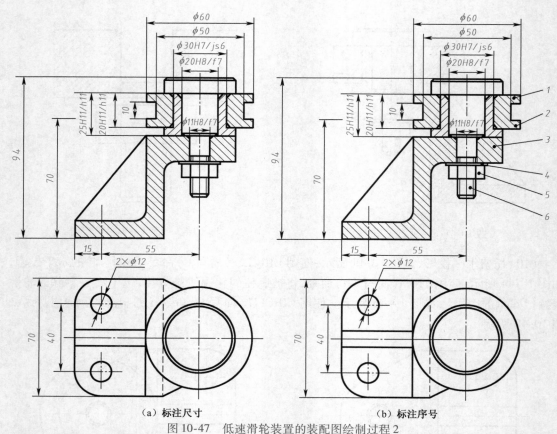

（a）标注尺寸　　　　　　　　　　（b）标注序号

图 10-47　低速滑轮装置的装配图绘制过程 2

技术要求

低速滑轮装置应安装可靠，运转灵活。

6	DSHL-00-04	心轴	1	45			
5	GB/T6170—2000	螺母M10	1	Q235-A			
4	GB/T97.1—2002	垫圈10	1	Q235-A			
3	DSHL-00-03	托架	1	HT200			
2	DSHL-00-02	衬套	1	45			
1	DSHL-00-01	滑轮	1	LY13			
序号	代号	名称	数量	材料	单件 重量	总计	备注

						USTB
标记	处数	分区	更改文件号	签名	年.月.日			低速滑轮装置
设计	YGH	2015.12.1	标准化			阶段标记	重量	比例 1:1
								DSHL00
	批准					共1张	第1张	

图 10-48　低速滑轮装置的装配图

10.3   绘图步骤总结

经过上述的各种绘图练习,可以总结出使用 AutoCAD 绘制零件图或装配图的一般步骤如下:

1. 制作样板图

制作样板图的准则是:严格遵守国家标准的有关规定;设置适当的图形界限;设置图层,使用标准线型、线宽和颜色等;按标准的图纸尺寸打印图样。

(1)设置单位和精度。

(2)设置图形界限。

(3)设置图层。

(4)设置文字样式。

(5)设置尺寸标注样式。

(6)绘制标准图幅线和图框线。

(7)绘制和填写标题栏或明细栏。

(8)保存样板图。

2. 绘制图形的一般步骤

(1)根据视图大小选定图幅,使用样板文件建立新图。

(2)绘制和编辑图形:

①绘制基准线;

②绘制轮廓线、虚线、波浪线;

③绘制剖面线;

④检查整理图形。

(3)标注图形:

①标注基本尺寸;

②标注尺寸公差;

③标注几何公差;

④标注表面粗糙度。

(4)添加注释文字。

(5)填写标题栏或明细栏。

(6)打印图形。

练 习 题

1. 绘制齿轮轴的零件图,如图 10-49 所示。

2. 绘制轴承盖的零件图,如图 10-50 所示。

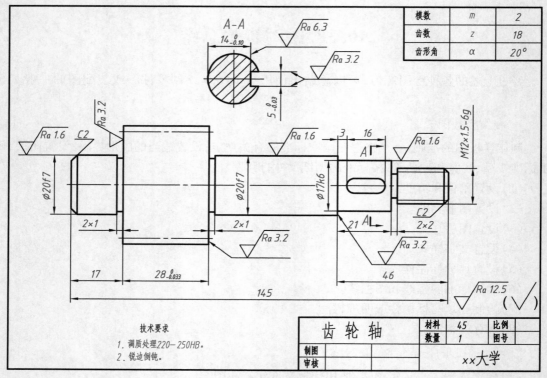

模数	m	2
齿数	z	18
齿形角	α	20°

技术要求

1. 调质处理220～250HB。
2. 锐边倒钝。

齿 轮 轴		材料	45	比例	
		数量	1	图号	
制图					
审核				××大学	

图 10-49　齿轮轴零件图

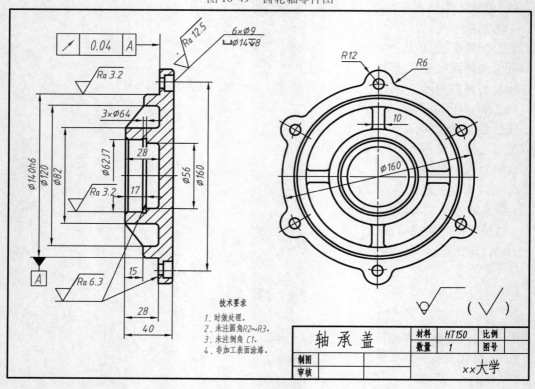

技术要求

1. 时效处理。
2. 未注圆角R2～R3。
3. 未注倒角 C1。
4. 非加工表面涂漆。

轴 承 盖		材料	HT150	比例	
		数量	1	图号	
制图					
审核				××大学	

图 10-50　轴承盖零件图

3. 绘制支架的零件图,如图 10-51 所示。

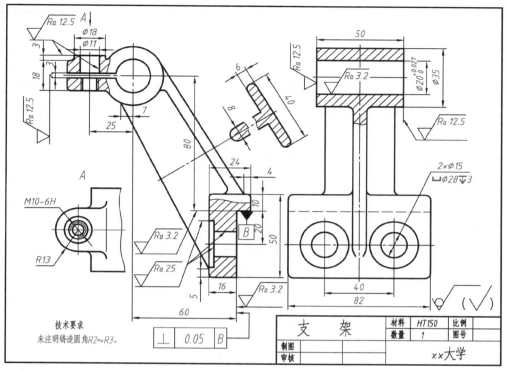

图 10-51　支架零件图

4. 绘制阀体的零件图,如图 10-52 所示。

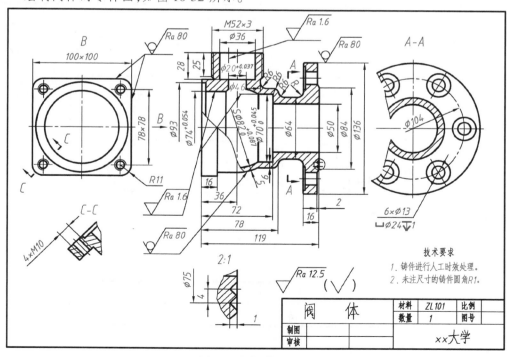

图 10-52　阀体零件图

5. 绘制轴承底座的零件图,如图 10-53 所示。

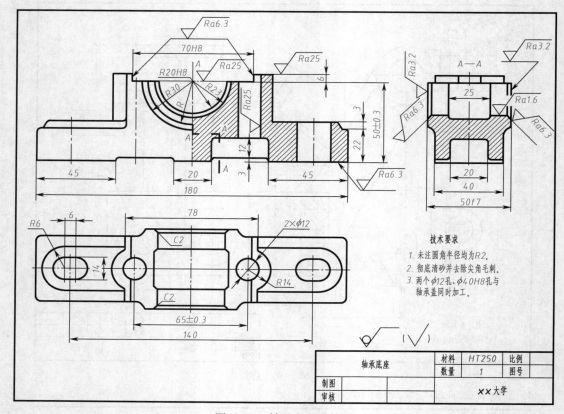

图 10-53　轴承底座零件图

6. 根据给定的零件图(图 10-54),按 1：1 的比例绘制装配图(图 10-55),并标注零件序号和尺寸。

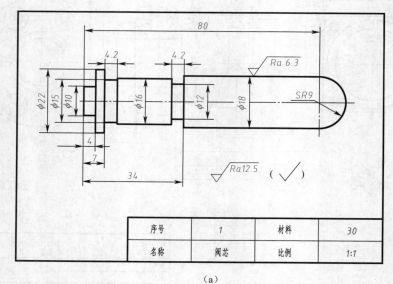

(a)

图 10-54　推杆阀零件图

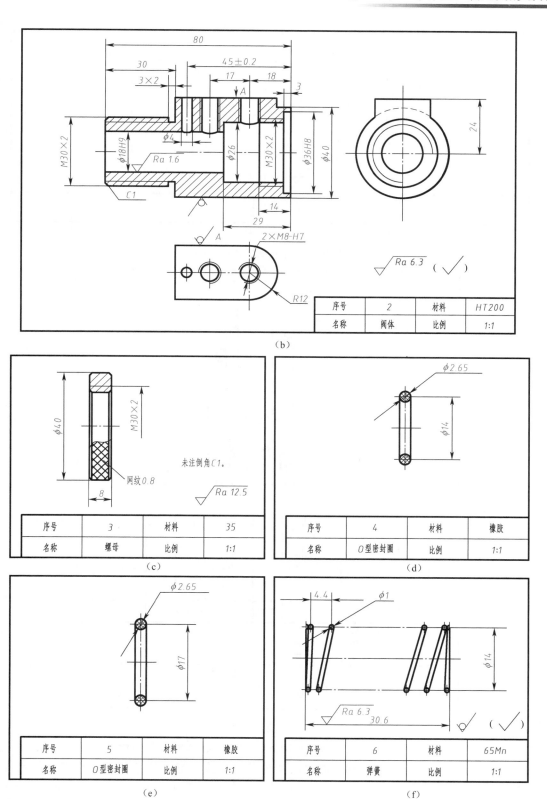

图 10-54　推杆阀零件图(续)

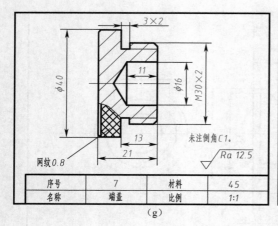

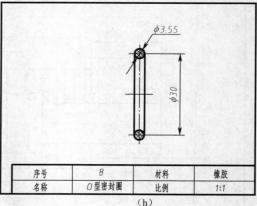

序号	7	材料	45
名称	端盖	比例	1:1

（g）

序号	8	材料	橡胶
名称	O型密封圈	比例	1:1

（h）

图 10-54　推杆阀零件图（续）

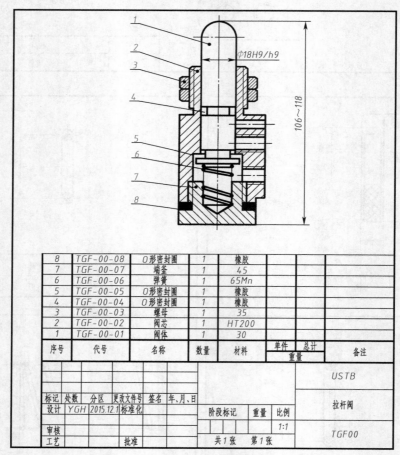

8	TGF-00-08	O形密封圈	1	橡胶			
7	TGF-00-07	端釜	1	45			
6	TGF-00-06	弹簧	1	65Mn			
5	TGF-00-05	O形密封圈	1	橡胶			
4	TGF-00-04	O形密封圈	1	橡胶			
3	TGF-00-03	螺母	1	35			
2	TGF-00-02	阀芯	1	HT200			
1	TGF-00-01	阀体	1	30			
序号	代号	名称	数量	材料	单件　总计		备注
					重量		

图 10-55　推杆阀装配图

7. 根据折角阀的零件图和示意图（图 10-56 和图 10-57）拼画其装配图。

折角阀的工作原理为：折角阀是控制流体流量的装置。它的特点是进出管道为特定的角度（本例为120°）。通过扳手带动阀杆旋转，转至图示位置时流量最大，继续旋转时流量减少直至关闭管路。

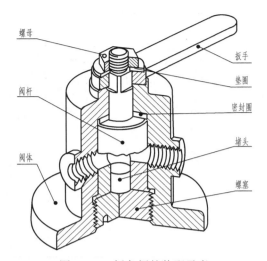

图 10-56 折角阀的装配示意

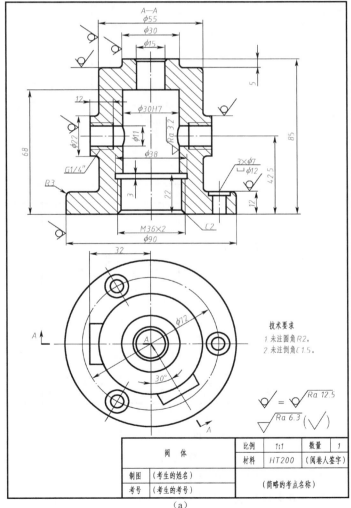

(a)

图 10-57 折角阀的零件图

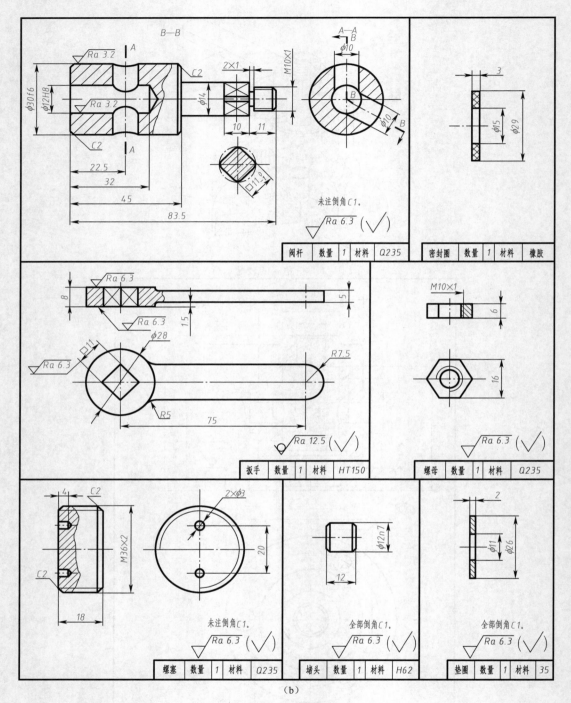

图 10-57　折角阀的零件图(续)

8. 根据定滑轮的零件图和示意图(图 10-58 和图 10-59)拼画其装配图。

定滑轮的工作原理为:定滑轮是一种简单的起吊装置。绳索套在滑轮槽内,滑轮装配在心轴上可以转动。心轴由支架支撑并由开口销轴向固定。心轴内部有油孔,将油杯中的油输送到滑轮孔中进行润滑。

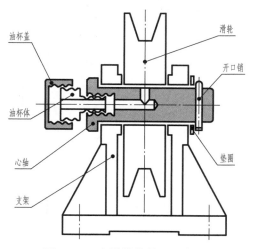

图 10-58　定滑轮的装配示意图

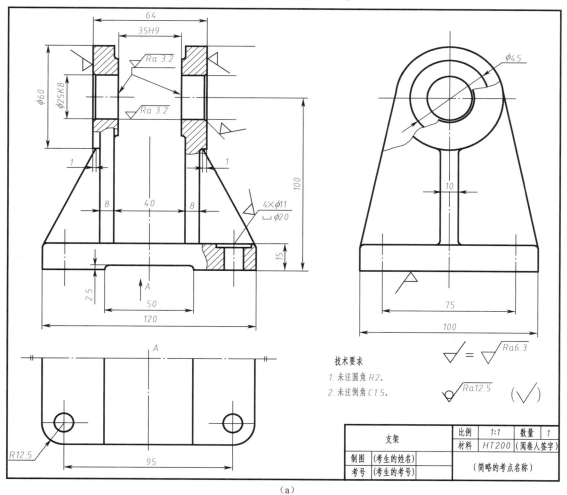

（a）

图 10-59　定滑轮的零件图

213

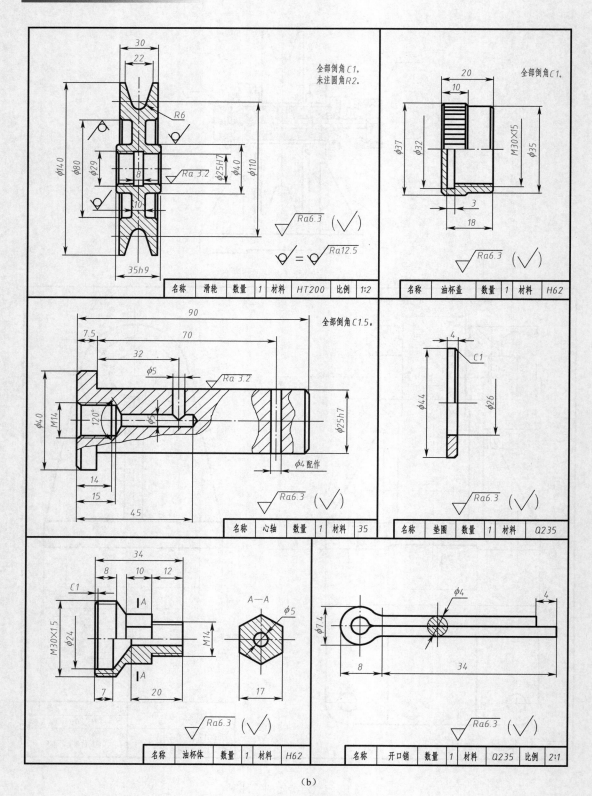

（b）

图 10-59　定滑轮的零件图（续）

9. 根据截止阀的零件图和示意图(图 10-60 和图 10-61)拼画其装配图(采用恰当的表达方法,按 1∶1 比例,完整清晰地表达截止阀的工作原理、装配关系,并标注必要的尺寸)。

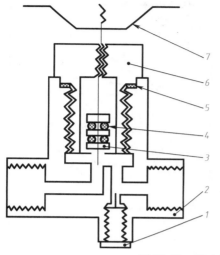

截止阀零件明细表

序号	名称	件数	材料	备注
1	泄压螺钉	1	Q235	
2	阀体	1	HT15—33	
3	阀杆	1	45	
4	密封圈	2	橡胶	
5	密封垫片	1	毛毡	
6	填料盒	1	35	
7	手轮	1	胶木	

图 10-60　截止阀的装配示意图

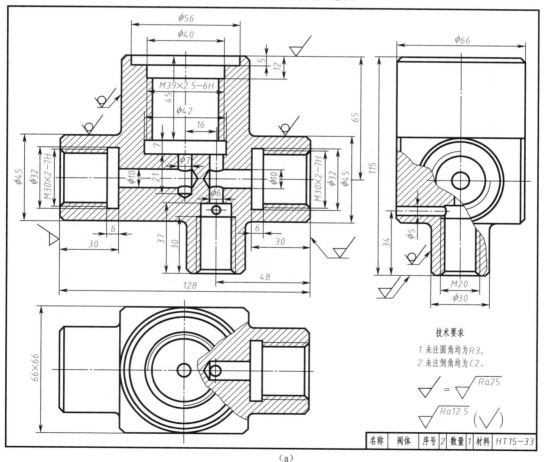

(a)

图 10-61　截止阀的零件图

215

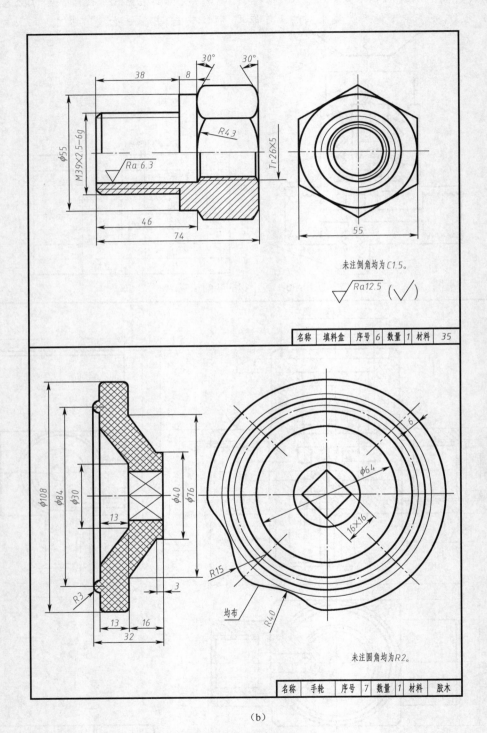

（b）

图 10-61　截止阀的零件图(续)

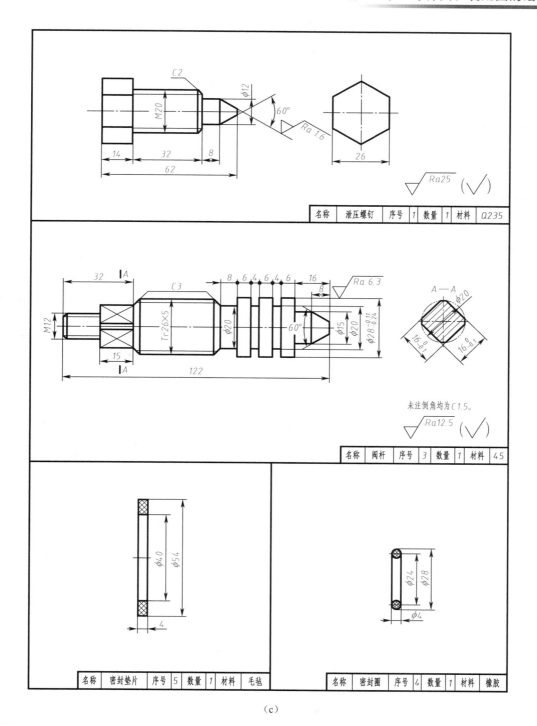

（c）

图 10-61　截止阀的零件图（续）

10. 根据旋阀的零件图和示意图（图 10-62 和图 10-63）拼画其装配图（采用恰当的表达方法，按 1∶1 比例，完整清晰地表达旋阀的工作原理、装配关系，并标注必要的尺寸）。

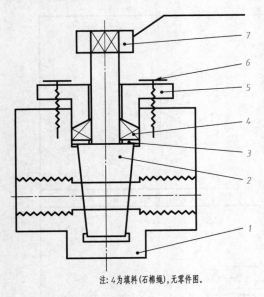

注:4为填料(石棉绳),无零件图。

旋阀零件明细表

序号	名称	件数	材料	备注
1	阀体	1	HT150	
2	阀杆	1	45	
3	垫圈	1	35	
4	填料	1	石棉绳	
5	填料压盖	1	35	
6	螺栓M10×25	2	35	
7	手柄	1	HT150	

图 10-62 旋阀的装配示意图

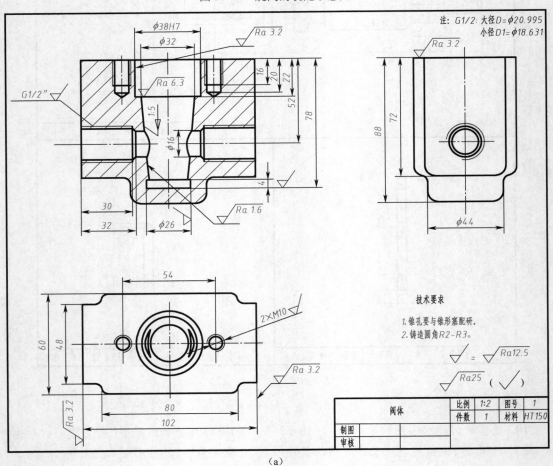

（a）

图 10-63 旋阀的零件图

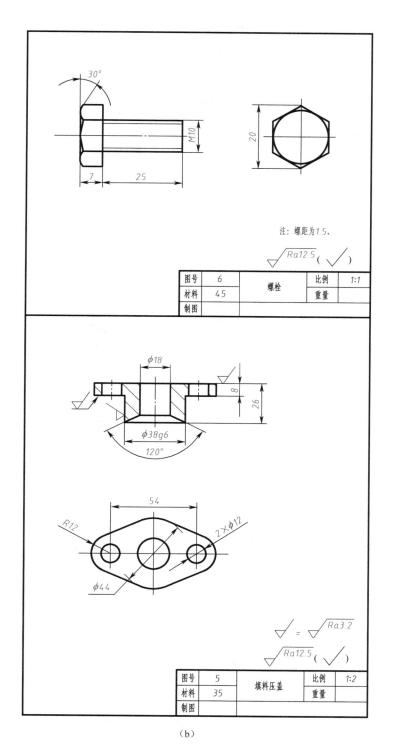

（b）

图 10-63　旋阀的零件图（续）

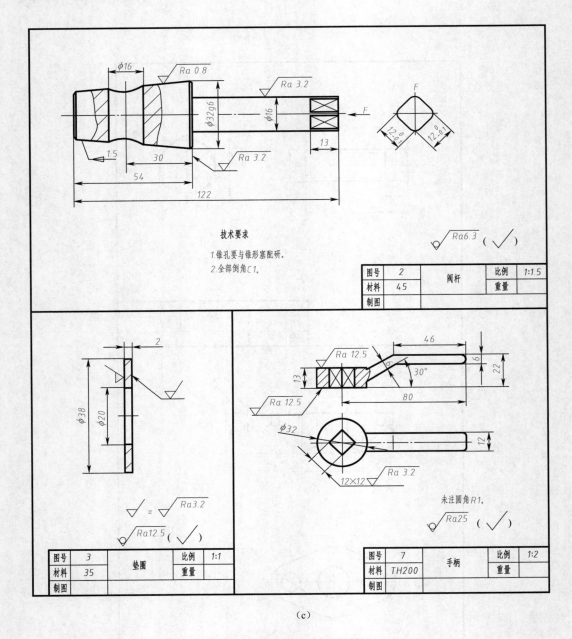

(c)

图 10-63   旋阀的零件图（续）

11. 根据可调支撑的零件图和示意图（图 10-64 和图 10-65）拼画其装配图（采用恰当的表达方法，按 1：1 比例，完整清晰地表达可调支撑的工作原理、装配关系，并标注必要的尺寸）。

可调支撑的工作原理是：螺钉右端的圆柱部分插入到螺杆的长槽内，使得螺杆只能沿轴向移动而不能转动。在螺母、螺杆和被支撑物体的重力作用下，螺母的底面与底座的顶面保持接触。顺时针转动螺母时，螺杆向上移动；反之，螺杆向下移动。通过旋转螺母即可调整该部件的支撑高度。

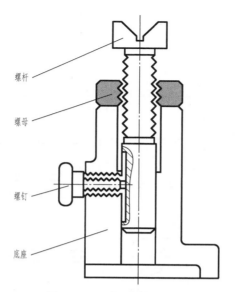

图 10-64　可调支撑的示意

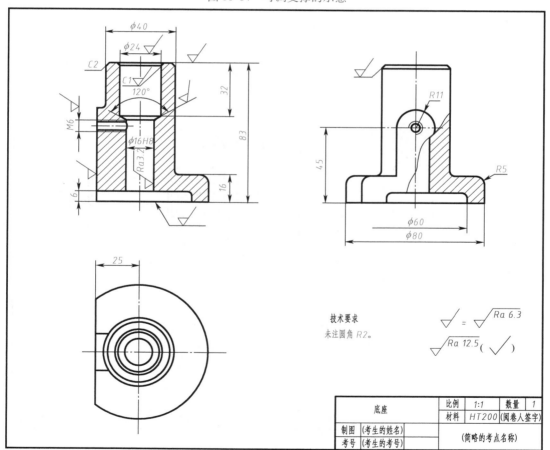

（a）

图 10-65　可调支撑的零件图

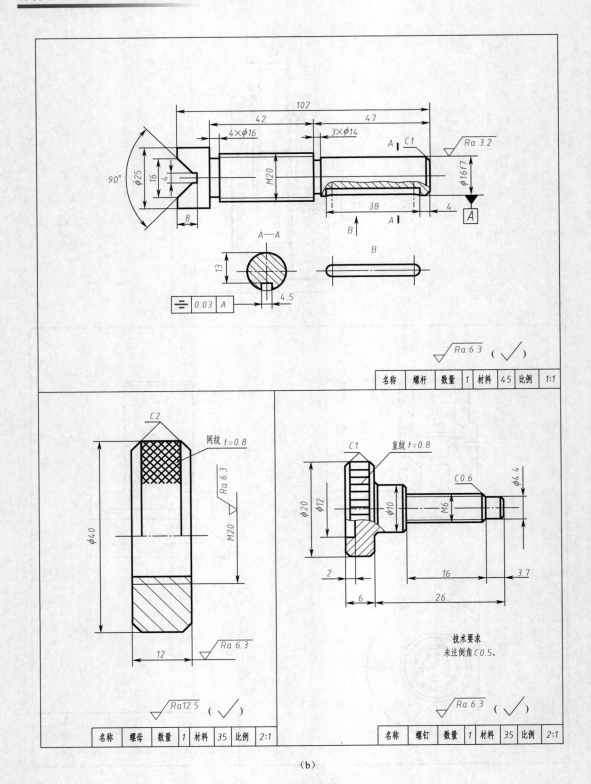

（b）

图 10-65　可调支撑的零件图（续）

12. 根据虎钳的零件图和示意图(图 10-66 和图 10-67)拼画其装配图。(采用恰当的表达方法,按 1 : 1 比例,完整清晰地表达虎钳的工作原理、装配关系,并标注必要的尺寸。)

虎钳的工作原理:虎钳是装在台架或机床上用于夹持工件进行机械加工的夹具。当旋转丝杆(件 1)时,与其啮合的(借助方牙螺纹)滑块(件 6)便沿着底座(件 3)中的滑槽作直线往复运动。滑块又带动动掌(件 8)也在底座表面作直线往复运动,使钳口板(件 5)开合,以夹持工件。件 2 是大垫圈(非标准件),钳口板共 2 件,用沉头螺钉(件 4)分别与底座和动掌固定。动掌与滑块用圆螺钉(件 7)连接,件 9 为垫圈,件 10 为螺母,两个螺母起锁紧作用,9、10 件为标准件。

标准螺纹紧固件的规格、材料和件数如下:

螺钉	M6×20 GB 68—2016	Q235	4 件
螺母	M12　　　GB 6170—2015	Q235	2 件
垫圈	12　　　　GB 97.1—2002	Q235	1 件

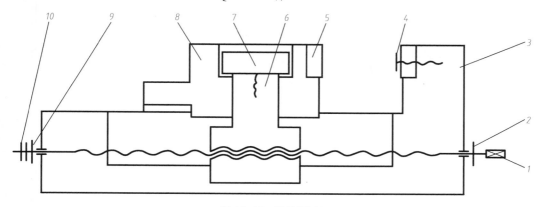

图 10-66　装配示意

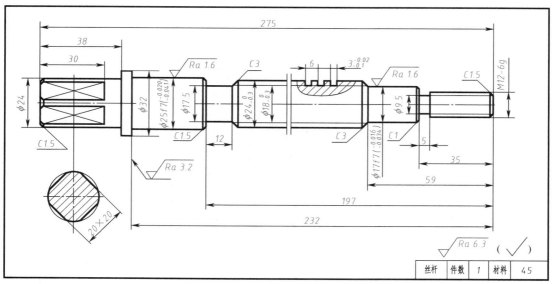

（a）

图 10-67　虎钳的零件图

223

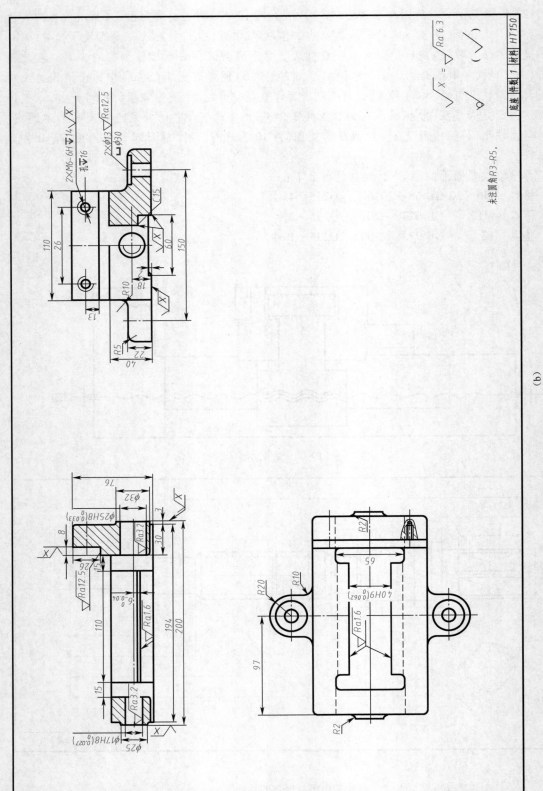

图 10-67　虎钳的零件图（续）

（b）

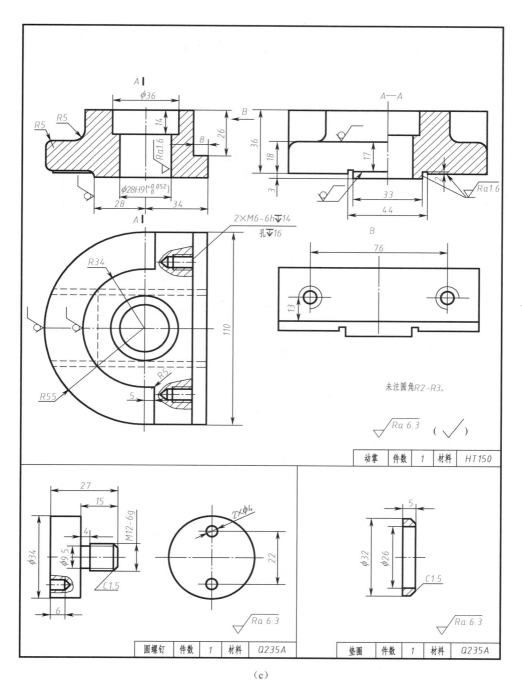

图 10-67　虎钳的零件图(续)

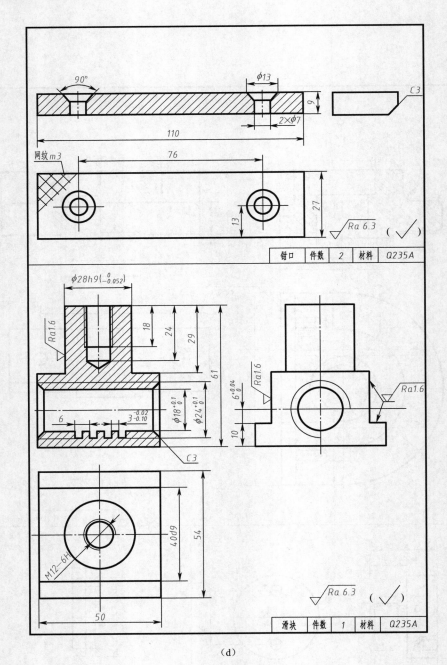

图 10-67　虎钳的零件图（续）

第11章 数据转换和打印输出

📖 学习目的与要求

　　数据转换和打印输出是 AutoCAD 软件的两项重要功能,一方面是与其他软件数据转换(即输入或输出数据);另一方面是将绘图结果打印输出。通过规定格式文件、Windows对象链接与嵌入功能(OLE)及剪贴板,可实现 AutoCAD 与 Word、Inventor 等常用软件数据转换,使图形、文字和表格软件有机结合、优势互补和数据共享。要求:

　　(1)学会 AutoCAD 与常用软件数据转换的方法;

　　(2)熟练掌握在模型空间将 AutoCAD 图形文件内容打印输出到图纸;

　　(3)了解将 AutoCAD 图形文件内容打印到文件。

11.1　AutoCAD 与 Word 软件数据转换

　　Word 软件是应用最为广泛的文字处理软件,其出色的图文并排方式可将各种图形插入到设计报告和技术说明书等文档中,但其绘图功能有限,而 AutoCAD 软件具有强大的二维绘图功能。

　　1. AutoCAD 输入 Word 文档数据

　　①方式1:采用 Word 输入所需文字,选中后按【Ctrl + C】组合键复制所需文字。在 Auto-CAD 中执行 MTEXT 命令,在文字输入框中按【Ctrl + V】组合键将 Word 文档中的文字粘贴到 AutoCAD 中,这样其文字成为 AutoCAD 文字,可在 AutoCAD 中编辑文字。

　　②方式2:采用 Word 输入所需文字,选中后按【Ctrl + C】组合键复制所需文字。在 AutoCAD 中选择菜单栏中的【编辑】|【选择性粘贴】命令,弹出"选择性粘贴"对话框,选择"AutoCAD 图元"选项,单击【确定】按钮;在命令行"命令:_pastespec 指定插入点:"提示下拾取一点,其 Word 文档内容将以 AutoCAD 单行文字插入到 AutoCAD 图形中,然后可移动或编辑其文字。

　　2. AutoCAD 输出为 Word 文档数据

　　①方式1:在 AutoCAD 中,执行 ZOOM 命令,选择"范围(E)"选项最大显示图形。选择菜单栏中的【文件】|【输出】命令,弹出"输出数据"对话框,输出为位图(* .bmp)等图片。在 Word 中,选择菜单栏中的【插入】|【图片】|【来自文件】命令,弹出"插入图片"对话框,选择 AutoCAD 保存的位图(* .bmp)等图片,单击【插入】按钮。

　　②方式2:在 AutoCAD 中,执行 ZOOM 命令,选择"范围(E)"选项最大显示图形。按【PrintScreen】键(整屏复制)或按【Alt + PrintScreen】组合键(复制活动窗口)将图形复制到剪

贴板上。在 Word 中按【Ctrl + V】组合键或右击,选择【粘贴】命令或选择菜单栏中的【编辑】|【粘贴】命令,将图片插入到 Word 文档中。

③方式 3:在 AutoCAD 中,执行 ZOOM 命令,在 Word 中选择"范围(E)"选项最大显示图形。执行 COPYCLIP 命令(复制)将图形复制到剪贴板上。在 Word 中按【Ctrl + V】组合键或右击,选择【粘贴】命令或选择菜单栏中的【编辑】|【粘贴】命令,DWG 图形将以对象插入到 Word 文档中。

11.2　打印输出

在模型空间中,不仅可以完成图形的绘制、编辑,同样可以直接输出图形,下面介绍输出方法及有关设置。

命令调用方式:

功 能 区:【输出】|【打印】

下拉菜单:【文件】|【打印】

命 令 行:PLOT

工 具 栏:

在模型空间中执行命令后,弹出"打印 - 模型"对话框,如图 11-1 所示。

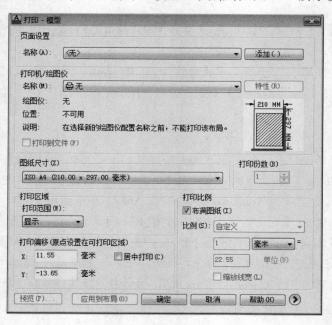

图 11-1　"打印 - 模型"对话框

在该对话框中,包含了"页面设置""打印机/绘图仪""打印区域""打印偏移""打印比例"等选项组和"图纸尺寸"下拉列表框、"打印份数"文本框以及【预览】按钮等。

(1)"页面设置"选项组

"名称"下拉列表框:用于选择已有的页面设置。

【添加】按钮:用于打开"添加页面设置"对话框,用户可以新建页面设置。

（2）"打印机/绘图仪"选项组

"名称"下拉列表框：用于选择已经安装的打印设备。名称下面的信息为该打印设备的部分信息。

【特性】按钮：用于打开"绘图仪配置编辑器"对话框，如图 11-2 所示。

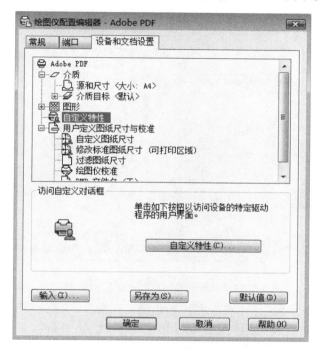

图 11-2　"绘图仪配置编辑器"对话框

单击【自定义特性】按钮，可以设置"布局、纸张/质量、设备选项"等。其中包含了图纸的大小、方向、打印图形的精度、分辨率、速度等内容。

（3）"图纸尺寸"下拉列表框

该下拉列表框用于选择图纸尺寸。

（4）"打印区域"选项组

"打印范围"下拉列表框：在打印范围内，可以选择打印的图形区域。

（5）"打印偏移"选项组

"居中打印"复选框：用于居中打印图形。

"X、Y"文本框：用于设定在 X 和 Y 方向上的打印偏移量。

（6）"打印份数"文本框

用于指定打印的份数。

（7）"打印比例"选项组

用于控制图形单位与打印单位之间的相对尺寸。从"模型"选项卡打印时，默认设置为"布满图纸"。

"比例"下拉列表框：用于选择设置打印的比例。

"毫米"单位文本框：用于自定义输出单位。

"缩放线宽"复选框：用于控制线宽输出形式是否受到比例的影响。

（8）【预览】按钮

用于预览图形的输出结果。

在"打印–模型"对话框的右下角有【更多选项】按钮 ⦸，单击此按钮，会展开该对话框的其他选项，如图 11-3 所示。

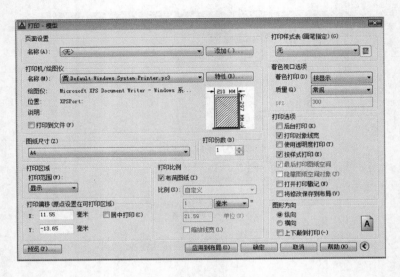

图 11-3　扩展的"打印–模型"对话框

展开后的对话框中出现"打印样式表""着色视口选项""打印选项""图形方向"等内容。

"打印样式表"下拉列表框：用于选择所用的打印样式，如图 11-4 所示。

在下拉列表框右侧有【编辑】按钮 ▤，单击此按钮会弹出"打印样式表编辑器"对话框，如图 11-5 所示。在此对话框中，可以对按照显示所打印的线宽进行设置。

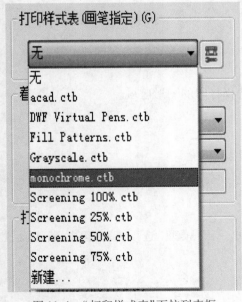

图 11-4　"打印样式表"下拉列表框

图 11-5　"打印样式表编辑器"对话框

11.3　实　例　分　析

例　打印输出图 11-6 所示的组合体。（有些情况下不能将 AutoCAD 图形文件内容直接打印输出到图纸，可以将 AutoCAD 图形文件内容暂时打印到文件中，合适时候再打印输出到图纸。）

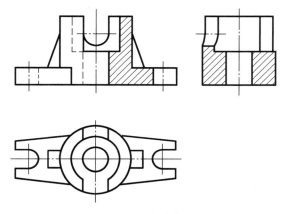

图 11-6　打印输出组合体

操作步骤：

在命令行中输入 PLOT 命令，弹出"打印－模型"对话框，如图 11-7 所示。

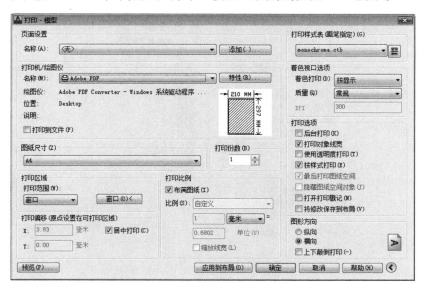

图 11-7　"打印－模型"对话框

在图 11-7 所示对话框中进行如下设置：

①"打印机/绘图仪"选项组：在"名称"下拉列表框中选择"Adobe PDF"。

②"图纸尺寸"下拉列表框：选择"A4"图纸尺寸。

③"打印区域"选项组：在"打印区域"下拉列表框中选择"窗口"模式。单击右侧的【窗

口】按钮,进入"指定打印窗口"模式,分别捕捉窗口的"左上角点"和"右下角点",如图 11-8 所示。

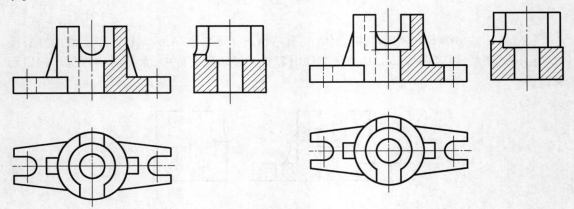

图 11-8　指定打印窗口

④"打印偏移"选项组:选择"居中打印"复选框,以便将图形居中打印。

⑤"打印份数"文本框:指定打印份数为"1"。

⑥"打印比例"选项组:采用默认设置为"布满图纸"。

⑦"打印样式表"下拉列表框(图 11-4):选择"monochrome. ctb"打印样式。单击下拉列表框右侧的【编辑】按钮,弹出"打印样式表编辑器"对话框(图 11-5)。在其中选择"打印样式"中的"颜色 7",即黑色;在"线宽"下拉列表框中选择"0.5 毫米"。按住 Shift 键选择"颜色 1 ~颜色 6",在"线宽"下拉列表框中选择"0.25 毫米",如图 11-9 所示。

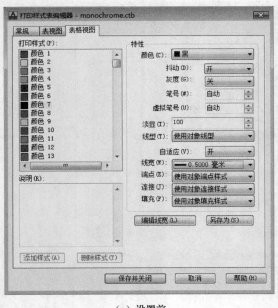

（a）设置前

（b）设置后

图 11-9　设置"打印样式表编辑器"对话框

⑧【预览】按钮:单击【预览】按钮,预览要输出的图形,如图 11-10 所示。

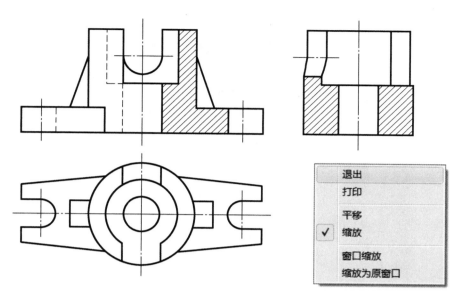

图 11-10　预览图形

　　在图形预览中,可以滑动鼠标滚轮放大或缩小图形,以便进行详细检查,如果发现存在问题,可以右击,在弹出的快捷菜单中选择【退出】命令,返回到"打印 – 模型"对话框重新进行设置。如果没有问题,可以选择右键快捷菜单中的【打印】命令(图 11-10)。然后保存打印输出结果,如图 11-11 所示。

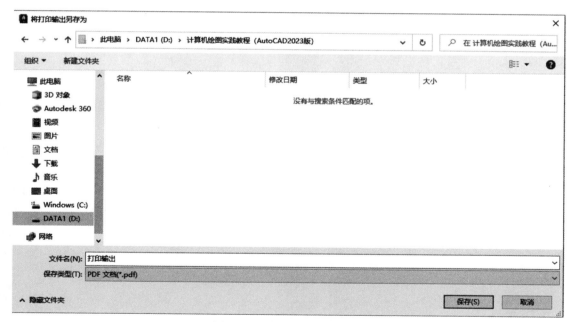

图 11-11　保存打印输出结果

练 习 题

1. 选择一种方法将 AutoCAD 图形插入到 Word 文档中。

2. 绘制不同种类(如轴套类、盘盖类、叉架类、箱体类等)的零件图,并按适当的比例打印在 A3 或 A4 图纸上。

第 12 章　使用 AutoCAD 进行简单三维建模

📖 **学习目的与要求**

　　AutoCAD 提供了强大的三维造型功能,利用 AutoCAD 可以方便地绘制三维曲面与三维造型实体,可以对三维图形进行各种编辑,对实体模型进行布尔运算,对三维曲面、三维实体着色、渲染,从而能够生成更加逼真的显示效果。要求:

　　(1)熟练掌握直接创建三维实体模型的方法,如创建多段体、长方体、圆柱体、圆锥体、球体、圆环体、楔体和棱锥体等;

　　(2)熟练掌握由平面图形生成三维实体模型的方法,如拉伸、旋转、放样、扫掠等;

　　(3)熟练掌握编辑三维实体模型,如三维实体模型之间的并集、差集、交集等布尔运算;

　　(4)熟练掌握用户坐标系的创建和使用方法。

12.1　三维绘图辅助

12.1.1　三维模型与 UCS

　　在构造三维立体模型时,为了便于画图,经常需要调整坐标系统到不同的方位来完成特定的任务。用户坐标系(User Coordinate System,UCS)为坐标输入、操作平面和观察提供一种可变动的坐标系。大多数 AutoCAD 几何编辑命令依赖于 UCS 的位置和方向。定义用户坐标后,对象将绘制在当前 UCS 的 *XY* 平面上。图 12-1 所示为三维实体模型在 UCS 中的位置。

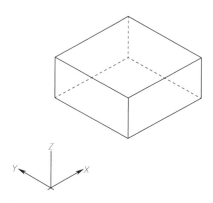

图 12-1　三维实体在 UCS 坐标系中

　　1. 新建用户坐标系

　　命令调用方式:

　　功 能 区:【默认】|【坐标】|【UCS】

　　下拉菜单:【工具】|【新建 UCS】|【原点】

　　命 令 行:UCS

　　工 具 栏:【UCS】|∟或【UCS Ⅱ】|∟

　　执行命令后,命令行提示:

　　指定 UCS 的原点或 [面(F)/命名(NA)/对象(OB)/上一个(P)/视图(V)/世界(W)/X/Y/Z/Z 轴

（ZA）］＜世界＞：

各项功能如下：

①指定 UCS 的原点：保持 X、Y 和 Z 轴方向不变,移动当前 UCS 的原点到指定位置。

②面（F）：将 UCS 与实体对象的选定面对齐。

③命名（NA）：命名新的 UCS。

④对象（OB）：根据选定的三维对象定义新的坐标系。该选项使得选择的对象位于新 UCS 的 XY 平面,选择的那条线就是 X 轴。

⑤上一个（P）：恢复上一个 UCS。AutoCAD 可以保存已创建的最后 10 个坐标系。重复该选项可以逐步返回到以前的某个 UCS。

⑥视图（V）：以平行于屏幕的平面为 XY 平面建立新的坐标系,UCS 原点保持不变。

⑦世界（W）：将当前用户坐标系设置为世界坐标系。世界坐标系是所有用户坐标系的基准,不能被重新定义。它也是 UCS 命令的默认选项。

⑧X/Y/Z：绕指定 x/y/z 某一轴旋转当前 UCS。

⑨Z 轴（ZA）：定义 Z 轴正半轴,从而确定 XY 平面。

2. UCS 对话框

用户可以使用 UCS 对话框对 UCS 进行管理和设置。

命令调用方式：

功 能 区：【默认】｜【坐标】｜ ↘

下拉菜单：【工具】｜【命令 UCS】

工 具 栏：【UCS Ⅱ】｜"命令 UCS" ▣

命 令 行：UCSMAN 或 UC

12.1.2　观察三维模型

在绘制三维模型的过程中,由于观察和绘图的需要,必须经常变动方位。常用变动方位的方法是变换视图和动态观察。

1. 标准视图

标准视图包括了 6 个方向的基本视图及 4 个方向的轴测图。

命令调用方式：

功 能 区：【常用】｜【视图】｜【俯视】【仰视】【左视】【右视】【前视】【后视】【西南等轴测】【西北等轴测】【东南等轴测】【东北等轴测】

下拉菜单：【视图】｜【三维视图】｜【俯视】【仰视】【左视】【右视】【前视】【后视】【西南等轴测】【西北等轴测】【东南等轴测】【东北等轴测】

命 令 行：VIEW

工 具 栏：【视图】｜▣▣▣▣▣▣▣▣｜◇◇◇◇｜▣｜▣

2. 三维动态观察

上述介绍的几种显示模式的操作比较准确,但是观察的方向受限制,AutoCAD 提供了交互的动态观察器。通过动态观察器,既可以查看整个图形,也可以从不同方向查看模型中的任意对象,还可以连续观察图形。

（1）受约束的动态观察

命令调用方式：

功 能 区:【视图】|【导航栏】|【动态观察】

下拉菜单:【视图】|【动态观察】|【受约束的动态观察】

命 令 行:3DORBIT、3DO 或 ORBIT

工 具 栏:【动态观察】|"受约束的动态观察"

执行命令后,即可拖动光标指针来动态观察模型。观察视图时,视图的目标位置保持不变,相机位置（或观察点）围绕该目标移动。默认情况下,会约束观察点只能沿着世界坐标系的 XY 平面或 Z 轴移动。

（2）自由动态观察

命令调用方式：

功 能 区:【视图】|【导航栏】|【自由动态观察】

下拉菜单:【视图】|【动态观察】|【自由动态观察】

工 具 栏:【动态观察】|"自由动态观察"

执行命令后,屏幕上显示一个弧线球,一个整圆被几个小圆划分成 4 个象限。此时在屏幕上移动光标即可旋转观察三维模型。

（3）连续动态观察

命令调用方式：

功 能 区:【视图】|【导航栏】|【连续动态观察】

命 令 行:3DCORBIT

下拉菜单:【视图】|【动态观察】|【连续动态观察】

工 具 栏:【动态观察】|"连续动态观察"

执行命令后,光标的形状变为被两条实线环绕的球形。在绘图窗口按住左键,并沿任何方向拖动光标,可使对象沿拖动方向开始移动。释放鼠标左键后,对象在指定的方向上继续它们的轨迹运动。光标移动的速度决定了对象的旋转速度。再次按住并拖动鼠标可以改变旋转轨迹的方向。

12.2　直接创建三维实体模型

在 AutoCAD 中可以直接创建三维基本实体,主要包括多段体、长方体、圆柱体、圆锥体、球体、圆环体、楔体和棱锥体。

12.2.1　创建多段体

命令调用方式：

功 能 区:【常用】|【建模】| 多段体

命 令 行:POLYSOLID

例 12.1　绘制图 12-2 所示的多段体。

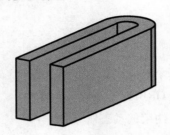

图 12-2　多段体

操作步骤:

命令行:POLYSOLID↙

命令:_Polysolid 高度 = 80.0000,宽度 = 20.0000,对正 = 居中

指定起点或[对象(O)/高度(H)/宽度(W)/对正(J)]<对象>:H↙

指定高度 <80.0000>:↙

高度 = 80.0000,宽度 = 20.0000,对正 = 居中

指定起点或[对象(O)/高度(H)/宽度(W)/对正(J)]<对象>:W↙

指定宽度 <20.0000>:↙

高度 = 80.0000,宽度 = 20.0000,对正 = 居中

指定起点或[对象(O)/高度(H)/宽度(W)/对正(J)]<对象>:

指定下一个点或[圆弧(A)/放弃(U)]:200↙

指定下一个点或[圆弧(A)/放弃(U)]:A↙

指定圆弧的端点或[闭合(C)/方向(D)/直线(L)/第二个点(S)/放弃(U)]:50↙

指定下一个点或[圆弧(A)/闭合(C)/放弃(U)]:指定圆弧的端点或[闭合(C)/方向(D)/直线(L)/第二个点(S)/放弃(U)]:200↙

指定下一个点或[圆弧(A)/闭合(C)/放弃(U)]:指定圆弧的端点或[闭合(C)/方向(D)/直线(L)/第二个点(S)/放弃(U)]:↙

12.2.2　创建长方体

命令调用方式:

功 能 区:【常用】|【建模】|▢长方体

命 令 行:BOX

例 12.2　绘制图 12-3 所示的长方体。

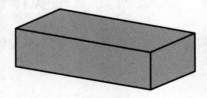

图 12-3　长方体

操作步骤:

命令:BOX↙

指定第一个角点或[中心(C)]:　　　　　　　　//捕捉第 1 点

指定其他角点或［立方体(C)／长度(L)］:@200,100✓
指定高度或［两点(2P)］<300.0000>:50✓

12.2.3　创建圆柱体

命令调用方式:

功 能 区:【常用】|【建模】| 圆柱体

命 令 行:CYLINDER

例 12.3　绘制图 12-4 所示的圆柱体。

图 12-4　圆柱体

操作步骤:

命令:CYLINDER✓
指定底面的中心点或［三点(3P)／两点(2P)／切点、切点、半径(T)／椭圆(E)］:　//捕捉底面圆心
指定底面半径或［直径(D)］:50✓
指定高度或［两点(2P)／轴端点(A)］<50.0000>:200✓

12.2.4　创建圆锥体

命令调用方式:

功 能 区:【常用】|【建模】| 圆锥体

命 令 行:CONE

例 12.4　绘制图 12-5 所示的圆锥体。

图 12-5　圆锥体

操作步骤:

命令:CONE✓
指定底面的中心点或［三点(3P)／两点(2P)／切点、切点、半径(T)／椭圆(E)］:　//捕捉底面圆心
指定底面半径或［直径(D)］:50✓
指定高度或［两点(2P)／轴端点(A)／顶面半径(T)］:120✓

12.2.5　创建球体

命令调用方式：

功 能 区:【常用】|【建模】| ⚫ 球体

命 令 行:SPHERE

例 12.5　绘制图 12-6 所示的球体。

图 12-6　球体

操作步骤：

命令：SPHERE↙

指定中心点或［三点(3P)/两点(2P)/切点、切点、半径(T)］：//捕捉球心

指定半径或［直径(D)］<50.0000 >:60↙

12.2.6　创建圆环体

命令调用方式：

功 能 区:【常用】|【建模】| ◎ 圆环体

命 令 行: TORUS

例 12.6　绘制图 12-7 所示的圆环体。

图 12-7　圆环体

操作步骤：

命令：TORUS↙

指定中心点或［三点(3P)/两点(2P)/切点、切点、半径(T)］：//捕捉中心

指定半径或［直径(D)］<60.0000 >:100↙

指定圆管半径或［两点(2P)/直径(D)］:10↙

12.2.7　创建楔体

命令调用方式：

功 能 区:【常用】|【建模】| ◣ 楔体

命 令 行: WEDGE

例 12.7　绘制图 12-8 所示的楔体。

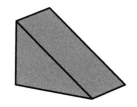

图 12-8　楔体

操作步骤：

命令：WEDGE↙

指定第一个角点或［中心(C)］：　　　　　　　　　//捕捉第 1 点

指定其他角点或［立方体(C)/长度(L)］:@120,80↙

指定高度或［两点(2P)］<120.0000 >:90↙

12.2.8　创建棱锥体

命令调用方式：

功 能 区:【常用】|【建模】| ◇ 棱锥体

命 令 行:PYRAMID

例 12.8　绘制图 12-9 所示的棱锥体。

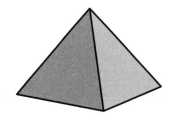

图 12-9　棱锥体

操作步骤：

命令：PYRAMID↙

4 个侧面　外切

指定底面的中心点或［边(E)/侧面(S)］：　　　　　//捕捉中心点

指定底面半径或［内接(I)］<100.0000 >:↙

指定高度或［两点(2P)/轴端点(A)/顶面半径(T)］<90.0000 >:120↙

12.3　由平面图形生成三维实体模型

利用基本实体创建三维实体的方法方便、简单,但是生成的实体模型种类有限。在 Auto-CAD 中,还可以通过对二维对象进行拉伸、放样、扫掠等操作生成更为复杂多样的三维实体。二维对象包括圆、圆弧、封闭的多段线以及多种线条的封闭组合,对于封闭组合线段必须先形成面域才能进一步生成三维实体。

12.3.1　生成面域的方法

命令调用方式:

功 能 区:【常用】|【绘图】|"面域" ⊡

命 令 行:REGION(或 REG)

例 12.9　创建图 12-10 所示的面域。

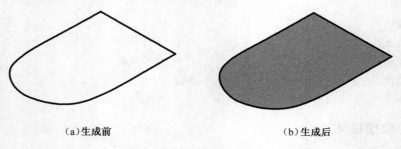

（a）生成前　　　　　　　　　　　　　　（b）生成后

图 12-10　生成面域

操作步骤:

命令: REGION↙

选择对象:　　　　　　　　　//选择所有圆弧和直线

选择对象:↙

已提取 1 个环。

已创建 1 个面域。

12.3.2　拉伸

拉伸是通过为二维对象添加厚度来生成三维实体。可以按指定高度或沿指定路径拉伸对象。

命令调用方式:

功 能 区:【常用】|【建模】| ⬛拉伸

命 令 行:EXTRUDE(或 EXT)

例 12.10　创建图 12-11 所示的拉伸体。

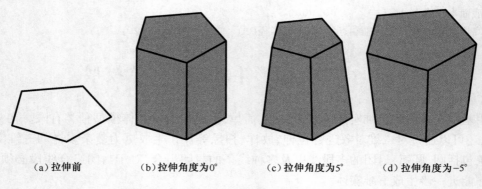

（a）拉伸前　　　　（b）拉伸角度为0°　　　　（c）拉伸角度为5°　　　　（d）拉伸角度为−5°

图 12-11　拉伸二维对象

操作步骤：

命令:POLYGON↙

输入侧面数 <4>:5↙

指定正多边形的中心点或 [边(E)]:　　　　　　　　//选择中心点

输入选项 [内接于圆(I)/外切于圆(C)] <I>:I↙

指定圆的半径:50↙　　　　　　　　　　　　　　　//结果如图 12-11(a)所示

命令:EXTRUDE↙

当前线框密度:　ISOLINES=4,闭合轮廓创建模式 = 实体

选择要拉伸的对象或 [模式(MO)]:_MO 闭合轮廓创建模式 [实体(SO)/曲面(SU)] <实体>:_SO

选择要拉伸的对象或 [模式(MO)]:　　　　　　　//选择拉伸对象

选择要拉伸的对象或 [模式(MO)]:↙

指定拉伸的高度或 [方向(D)/路径(P)/倾斜角(T)/表达式(E)] <120.0000>:100↙　　//结果如图 12-11(b)所示

命令:EXTRUDE↙

当前线框密度:　ISOLINES=4,闭合轮廓创建模式 = 实体

选择要拉伸的对象或 [模式(MO)]:_MO 闭合轮廓创建模式 [实体(SO)/曲面(SU)] <实体>:_SO

选择要拉伸的对象或 [模式(MO)]:　　　　　　　//选择拉伸对象

选择要拉伸的对象或 [模式(MO)]:↙

指定拉伸的高度或 [方向(D)/路径(P)/倾斜角(T)/表达式(E)] <100.0000>:T↙

指定拉伸的倾斜角度或 [表达式(E)] <0>:5↙

指定拉伸的高度或 [方向(D)/路径(P)/倾斜角(T)/表达式(E)] <100.0000>:↙　　//结果如图 12-11(c)所示

命令:EXTRUDE↙

当前线框密度:　ISOLINES=4,闭合轮廓创建模式 = 实体

选择要拉伸的对象或 [模式(MO)]:_MO 闭合轮廓创建模式 [实体(SO)/曲面(SU)] <实体>:_SO

选择要拉伸的对象或 [模式(MO)]:　　　　　　　//选择拉伸对象

选择要拉伸的对象或 [模式(MO)]:↙

指定拉伸的高度或 [方向(D)/路径(P)/倾斜角(T)/表达式(E)] <100.0000>:T↙

指定拉伸的倾斜角度或 [表达式(E)] <5>:-5↙

指定拉伸的高度或 [方向(D)/路径(P)/倾斜角(T)/表达式(E)] <100.0000>:↙　　//结果如图 12-11(d)所示

12.3.3　旋转

旋转是绕一个轴旋转二维对象来创建三维实体。

命令调用方式:

功 能 区:【常用】|【建模】| 🛞旋转

命 令 行:REVOLVE(或 REV)

例 12.11　创建图 12-12 所示的旋转体。

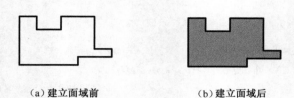

（a）建立面域前　　　　　　　（b）建立面域后

（c）旋转后

图 12-12　旋转二维对象

操作步骤：

命令：REGION↙

选择对象：　　　　　　　　　　　　　　　　　　　//选择左边所有直线

选择对象：↙

已提取 1 个环。

已创建 1 个面域。　　　　　　　　　　　　　　//结果如图 12-12(b)所示

命令：REVOLVE↙

当前线框密度：ISOLINES=4,闭合轮廓创建模式 = 实体

选择要旋转的对象或［模式(MO)］：_MO 闭合轮廓创建模式［实体(SO)/曲面(SU)］<实体>:_SO

选择要旋转的对象或［模式(MO)］：　　　　　　　　//选择旋转对象

选择要旋转的对象或［模式(MO)］：↙

指定轴起点或根据以下选项之一定义轴［对象(O)/X/Y/Z］<对象>://捕捉轴上第 1 点

指定轴端点：　　　　　　　　　　　　　　　　//捕捉轴上第 2 点

指定旋转角度或［起点角度(ST)/反转(R)/表达式(EX)］<360>:↙ //结果如图 12-12(c)所示

12.3.4　放样

可将二维对象放样成三维实体。

命令调用方式：

功　能　区:【常用】|【建模】|🛡放样

命　令　行:LOFT

例 12.12　创建图 12-13 所示的放样体。

操作步骤：

命令：LOFT↙

当前线框密度：ISOLINES=4,闭合轮廓创建模式 = 实体

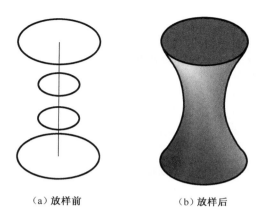

（a）放样前　　　　　　　　　　（b）放样后

图 12-13　放样二维对象

按放样次序选择横截面或［点(PO)／合并多条边(J)／模式(MO)］：_ MO 闭合轮廓创建模式［实体(SO)／曲面(SU)］＜实体＞：_ SO

按放样次序选择横截面或［点(PO)／合并多条边(J)／模式(MO)］：　　　//选择第 1 个圆
按放样次序选择横截面或［点(PO)／合并多条边(J)／模式(MO)］：　　　//选择第 2 个圆
按放样次序选择横截面或［点(PO)／合并多条边(J)／模式(MO)］：　　　//选择第 3 个圆
按放样次序选择横截面或［点(PO)／合并多条边(J)／模式(MO)］：　　　//选择第 4 个圆
按放样次序选择横截面或［点(PO)／合并多条边(J)／模式(MO)］：↙
选中了 4 个横截面
输入选项［导向(G)／路径(P)／仅横截面(C)／设置(S)］＜仅横截面＞:C↙

12.3.5　扫掠

使二维对象按指定的路径扫掠来创建网格或三维实体。如果扫掠对象是封闭的,则扫掠后得到三维实体,否则得到网格面。

命令调用方式：

功 能 区:【常用】|【建模】| ⟳扫掠

命 令 行:SWEEP

例 12.13　创建图 12-14 所示的扫掠体。

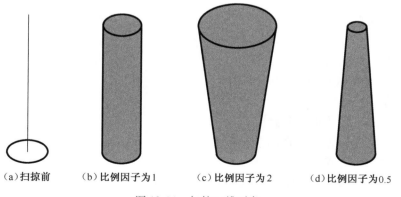

（a）扫掠前　　　（b）比例因子为1　　　（c）比例因子为2　　　（d）比例因子为0.5

图 12-14　扫掠二维对象

操作步骤：

命令:SWEEP↙

当前线框密度:　ISOLINES＝4,闭合轮廓创建模式　＝　实体

选择要扫掠的对象或［模式(MO)］:_MO 闭合轮廓创建模式［实体(SO)／曲面(SU)］＜实体＞:_SO

选择要扫掠的对象或［模式(MO)］:　　　　　　　　　　　//选择圆

选择要扫掠的对象或［模式(MO)］:↙

选择扫掠路径或［对齐(A)／基点(B)／比例(S)／扭曲(T)］://选择直线,结果如图 12-14(b)所示

命令:SWEEP↙

当前线框密度:　ISOLINES＝4,闭合轮廓创建模式　＝　实体

选择要扫掠的对象或［模式(MO)］:_MO 闭合轮廓创建模式［实体(SO)／曲面(SU)］＜实体＞:_SO

选择要扫掠的对象或［模式(MO)］:　　　　　　　　　　　//选择圆

选择要扫掠的对象或［模式(MO)］:↙

选择扫掠路径或［对齐(A)／基点(B)／比例(S)／扭曲(T)］:S↙

输入比例因子或［参照(R)／表达式(E)］＜1.0000＞:2↙

选择扫掠路径或［对齐(A)／基点(B)／比例(S)／扭曲(T)］://选择直线,结果如图 12-14(c)所示

命令:SWEEP↙

当前线框密度:　ISOLINES＝4,闭合轮廓创建模式　＝　实体

选择要扫掠的对象或［模式(MO)］:_MO 闭合轮廓创建模式［实体(SO)／曲面(SU)］＜实体＞:_SO

选择要扫掠的对象或［模式(MO)］:　　　　　　　　　　　//选择圆

选择要扫掠的对象或［模式(MO)］:↙

选择扫掠路径或［对齐(A)／基点(B)／比例(S)／扭曲(T)］:S↙

输入比例因子或［参照(R)／表达式(E)］＜1.0000＞:0.5↙

选择扫掠路径或［对齐(A)／基点(B)／比例(S)／扭曲(T)］://选择直线,结果如图 12-14(d)所示

12.4　编辑三维实体模型

可以在三维实体模型之间进行并集、差集、交集等布尔运算,以生成复杂的三维实体。能够进行布尔运算是实体模型区别于表面模型的一个重要因素。另外,还可以在三维实体模型中编辑实体模型的面、边和体。

12.4.1　布尔运算

1. 并集运算

把两个或两个以上的三维实体合并为一个三维实体。

命令调用方式:

功　能　区:【常用】|【实体编辑】|【实体,并集】

功　能　区:【实体】|【布尔值】|【并集】

命　令　行:UNION(或 UNI)

例 12.14　对图 12-15 所示的长方体和圆柱进行并集布尔运算。

操作步骤:

命令:UNION↙

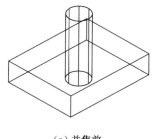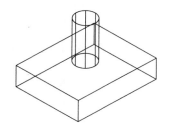

（a）并集前　　　　　　　　　　　（b）并集后

图 12-15　并集运算

选择对象：　　　　　　　　　　　　//选择长方体和圆柱

选择对象：↙

2. 差集运算

从一组三维实体中减去一个三维实体。

命令调用方式：

功　能　区：【常用】|【实体编辑】|【实体,差集】

功　能　区：【实体】|【布尔值】|【差集】

命　令　行：SUBTRACT(或 SU)

例 12.15　对图 12-16 所示的长方体和圆柱进行差集布尔运算。

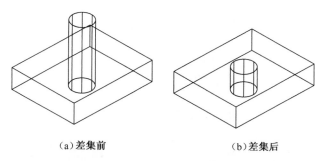

（a）差集前　　　　　　　　　　　（b）差集后

图 12-16　差集运算

操作步骤：

命令：SUBTRACT↙

选择要从中减去的实体、曲面和面域 . . .

选择对象：　　　　　　　　　　　　//选择长方体

选择对象：↙

选择要减去的实体、曲面和面域 . . .

选择对象：　　　　　　　　　　　　//选择圆柱

选择对象：↙

3. 交集运算

用两个或两个以上实体的公共部分创建复合实体。

命令调用方式：

功　能　区：【常用】|【实体编辑】|【实体,交集】

功 能 区:【实体】|【布尔值】|【交集】

命 令 行:INTERSECT(或 IN)

例 12.16 对图 12-17 所示的长方体和圆柱进行交集布尔运算。

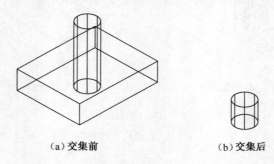

(a)交集前　　　　　　　　　(b)交集后

图 12-17 交集运算

操作步骤:

命令：INTERSECT✓

选择对象：　　　　　　　　　　　//选择长方体和圆柱

选择对象：✓

12.4.2 编辑边

1. 倒角边

通过【倒角边】命令可对三维实体进行倒角操作。

命令调用方式:

功 能 区:【实体】|【实体编辑】|

命 令 行:CHAMFEREDGE

例 12.17 对图 12-18 所示的正方体进行倒角边操作。

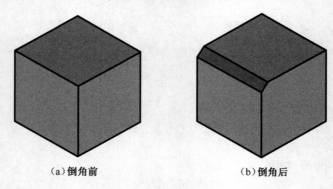

(a)倒角前　　　　　　　　　　(b)倒角后

图 12-18 倒角边

操作步骤:

命令：CHAMFEREDGE✓

距离 1 = 1.0000,距离 2 = 1.0000

选择一条边或［环(L)/距离(D)］:D✓

指定距离 1 或［表达式(E)］ <1.0000＞:10✓

248

指定距离 2 或［表达式(E)］<1.0000 >：10↙

选择一条边或［环(L)/距离(D)］：　　　　　　　　　//选择需要倒角的边

选择同一个面上的其他边或［环(L)/距离(D)］：↙

按 Enter 键接受倒角或［距离(D)］：↙

2. 圆角边

通过【圆角边】命令可对三维实体进行倒圆角操作。

命令调用方式：

功 能 区:【实体】|【实体编辑】|🔵 圆角边

命 令 行:FILLETEDGE

例 12.18　对图 12-19 所示的正方体进行倒圆角边操作。

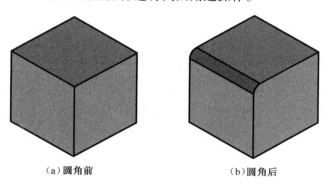

（a）圆角前　　　　　　　　　　　　（b）圆角后

图 12-19　圆角边

操作步骤：

命令:FILLETEDGE↙

半径 = 1.0000

选择边或［链(C)/环(L)/半径(R)］：R↙

输入圆角半径或［表达式(E)］<1.0000 >：10↙

选择边或［链(C)/环(L)/半径(R)］：　　　　　　　　//选择需要倒圆角的边

选择边或［链(C)/环(L)/半径(R)］：↙

已选定 1 个边用于圆角。

按 Enter 键接受圆角或［半径(R)］：↙

12.4.3　编辑体

1. 剖切实体

沿某平面把实体一分为二,保留被剖切实体的一半或全部并生成新实体。

命令调用方式：

功 能 区:【实体】|【实体编辑】| 🟦 剖切

命 令 行:SLICE(或 SL)

例 12.19　对图 12-20 所示的圆柱进行剖切操作。

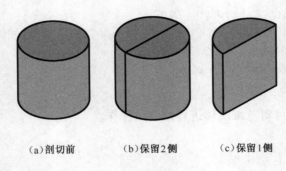

(a)剖切前   (b)保留2侧   (c)保留1侧

图 12-20　剖切圆柱

操作步骤：

命令：SLICE↙

选择要剖切的对象：   //选择圆柱

选择要剖切的对象：↙

指定 切面 的起点或［平面对象(O)/曲面(S)/Z 轴(Z)/视图(V)/XY(XY)/YZ(YZ)/ZX(ZX)/

三点(3)］＜三点＞：   //捕捉第 1 点

指定平面上的第二个点：   //捕捉第 2 点

在所需的侧面上指定点或［保留两个侧面(B)］＜保留两个侧面＞：↙ //结果如图 12-20(b)所示

命令：SLICE↙

选择要剖切的对象：   //选择圆柱

选择要剖切的对象：↙

指定 切面 的起点或［平面对象(O)/曲面(S)/Z 轴(Z)/视图(V)/XY(XY)/YZ(YZ)/ZX(ZX)/三

点(3)］＜三点＞：   //捕捉第 1 点

指定平面上的第二个点：   //捕捉第 2 点

在所需的侧面上指定点或［保留两个侧面(B)］＜保留两个侧面＞： //在所需的侧面上单击,结果如

图 12-20(c) 所示

例 12.20　对图 12-21 所示的长方体进行剖切操作。

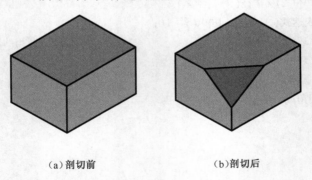

(a)剖切前   (b)剖切后

图 12-21　剖切长方体

操作步骤：

命令：SLICE↙

选择要剖切的对象：//选择长方体

选择要剖切的对象：↙

指定 切面 的起点或［平面对象(O)/曲面(S)/Z 轴(Z)/视图(V)/XY(XY)/YZ(YZ)/ZX(ZX)/三

点(3)］＜三点＞：3↙

指定平面上的第一个点:	// 捕捉第 1 点
指定平面上的第二个点:	// 捕捉第 2 点
指定平面上的第三个点:	// 捕捉第 3 点
在所需的侧面上指定点或 [保留两个侧面(B)] <保留两个侧面>:	// 在所需的侧面上单击

2. 分解实体

将实体分解成一系列面域和主体。其中,实体中的平面被转换为面域,曲面被转换为主体。还可以继续使用"分解"命令将面域和主体分解为组成它们的基本元素,如直线、圆和圆弧等。

命令调用方式:

功 能 区:【常用】|【修改】|"分解"

命 令 行:EXPLODE

例 12.21　对图 12-22 所示的圆锥体进行分解操作。

（a）分解前

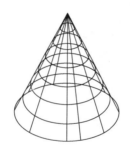
（b）分解后

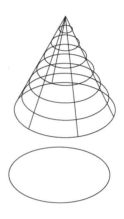
（c）移动位置分开观察

图 12-22　分解实体

操作步骤:

命令:EXPLODE↙

选择对象:　　　　　　　　　　　　　　　　　　　　　// 选择圆锥

选择对象:↙

12.5　实 例 分 析

例 12.22　生成图 12-23 所示的复杂形体,并标注尺寸。

操作步骤:

1. 生成基本形体

（1）绘制直线线框

命令:LINE↙

指定第一个点:　　　　　　　　　　　　　　　　　　　// 单击第一点

指定下一点或 [放弃(U)]: <正交 开> 132.5↙

指定下一点或 [放弃(U)]:52↙

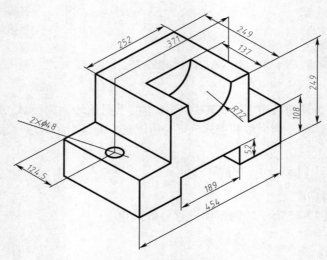

图 12-23　复杂实体

指定下一点或［闭合(C)／放弃(U)］：189↙
指定下一点或［闭合(C)／放弃(U)］：52↙
指定下一点或［闭合(C)／放弃(U)］：132.5↙
指定下一点或［闭合(C)／放弃(U)］：108↙
指定下一点或［闭合(C)／放弃(U)］：101↙
指定下一点或［闭合(C)／放弃(U)］：141↙
指定下一点或［闭合(C)／放弃(U)］：252↙
指定下一点或［闭合(C)／放弃(U)］：141↙
指定下一点或［闭合(C)／放弃(U)］：101↙
指定下一点或［闭合(C)／放弃(U)］：C↙　　　　　　　　　　　　//如图 12-24 所示

（2）把直线线框变为面域

选择"三维导航"中的"西南等轴测"，如图 12-25 所示。

命令：REGION↙
选择对象：　　　　　　　　　　　　　　　　　　　　　　　//选择所有直线
选择对象：
已提取 1 个环。
已创建 1 个面域。

（3）拉伸生成基本形体

单击【拉伸】命令，输入拉伸高度 249，如图 12-26 所示。

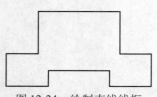

图 12-24　绘制直线线框

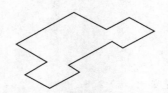

图 12-25　把直线线框变为面域

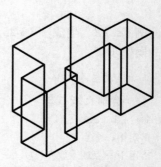

图 12-26　拉伸生成基本形体

在"视觉样式"中选择"灰度",如图 12-27 所示。

2. 在基本体上拉伸出半圆柱孔

（1）绘制圆

命令：CIRCLE↙

指定圆的圆心或［三点(3P)/两点(2P)/切点、切点、半径(T)］： //选择圆心位置

指定圆的半径或［直径(D)］:72↙　　　　　　　　　　　　//结果如图 12-28 所示

（2）拉伸出圆柱体

单击【拉伸】命令,输入拉伸高度137,如图 12-29 所示。

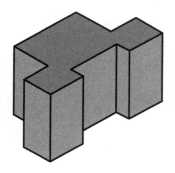

图 12-27　采用"灰度"显示

图 12-28　画圆

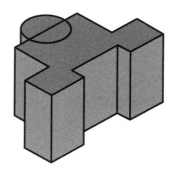

图 12-29　拉伸出圆柱体

（3）基本体和圆柱作"差集"的布尔运算

命令：SUBTRACT↙

选择要从中减去的实体、曲面和面域 . . .

选择对象：　　　　　　　　　　　　　　　　　　　　//选择基本体

选择对象：↙

选择要减去的实体、曲面和面域 . . .

选择对象：　　　　　　　　　　　　　　　　　　　　//选择圆柱

选择"三维导航"中的"东北等轴测",如图 12-30 所示。

3. 定义新的用户坐标系的原点和 Z 轴方向

命令：UCS↙

当前 UCS 名称：＊世界＊

指定 UCS 的原点或［面(F)/命名(NA)/对象(OB)/上一个(P)/视图(V)/世界(W)/X/Y/Z/Z 轴
(ZA)］＜世界＞：　　　　　　　　　　　　　　　　//选择新的原点位置

　指定 X 轴上的点或 ＜接受＞：　　　　　　　　　//选择 X 轴上的点

　指定 XY 平面上的点或 ＜接受＞：　　　　　　　//选择 XY 平面上的点,结果如图 12-31 所示

命令：UCS↙

当前 UCS 名称：＊没有名称＊

指定 UCS 的原点或［面(F)/命名(NA)/对象(OB)/上一个(P)/视图(V)/世界(W)/X/Y/Z/Z 轴
(ZA)］＜世界＞：Y↙

　指定绕 Y 轴的旋转角度 ＜90＞:90↙　　　　　　//结果如图 12-32 所示

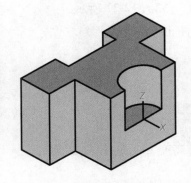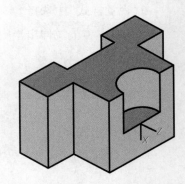

图 12-30　"东北等轴测"显示　　图 12-31　定义新的用户坐标系　　图 12-32　定义新的用户坐标系

4. 在基本体上拉伸出小圆柱孔

（1）绘制圆

命令：LINE↙

指定第一个点：　　　　　　　　　　　　　　　　　　　//选择中点

指定下一点或［放弃(U)］：41.5↙

命令：CIRCLE↙

指定圆的圆心或［三点(3P)/两点(2P)/切点、切点、半径(T)］：　　//选择上述直线的端点

指定圆的半径或［直径(D)］<72.0000 >：24↙　　　　//结果如图 12-33 所示

　　选中直线，按【Delete】键删除，如图 12-34 所示。

（2）拉伸出小圆柱体

　　单击【拉伸】命令，输入拉伸高度 108，如图 12-35 所示。

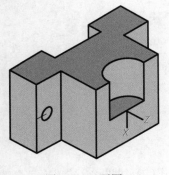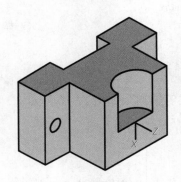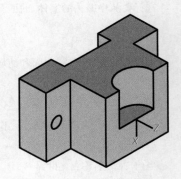

图 12-33　画图　　　　　　　图 12-34　删除直线　　　　　图 12-35　拉伸出小圆柱体

（3）镜像小圆柱体

命令：MIRROR3D↙

选择对象：　　　　　　　　　　　　　　　　　　　　//选择小圆柱体

选择对象：↙

指定镜像平面（三点）的第一个点或［对象(O)/最近的(L)/Z 轴(Z)/视图(V)/XY 平面(XY)/YZ

平面(YZ)/ZX 平面(ZX)/三点(3)］<三点>：在镜像平面上指定第二点：在镜像平面上指定第三点：

//选择对称面上三点

是否删除源对象？［是(Y)/否(N)］<否>：N↙

选择"三维导航"中的"西北等轴测"，如图 12-36 所示。

（4）基本体和小圆柱作"差集"的布尔运算

命令：SUBTRACT↙

选择要从中减去的实体、曲面和面域 . . .

选择对象：　　　　　　　　　　　　　　　　　　　//选择基本体

选择对象：

选择要减去的实体、曲面和面域 . . .

选择对象：　　　　　　　　　　　　　　　　　　　//选择小圆柱

选择对象：↙　　　　　　　　　　　　　　　　　　　//结果如图 12-37 所示

　选择"三维导航"中的"东北等轴测"。

命令：SUBTRACT↙

选择要从中减去的实体、曲面和面域 . . .

选择对象：　　　　　　　　　　　　　　　　　　　//选择基本体

选择对象：

选择要减去的实体、曲面和面域 . . .

选择对象：　　　　　　　　　　　　　　　　　　　//选择小圆柱

选择对象：↙　　　　　　　　　　　　　　　　　　　//结果如图 12-38 所示

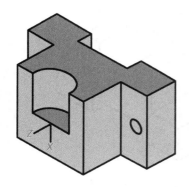 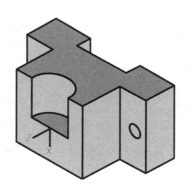 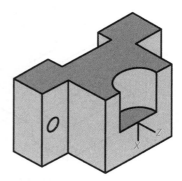

图 12-36　"西北等轴测"显示　　图 12-37　基本体和小圆柱　　图 12-38　基本体和小圆柱
　　　　　　　　　　　　　　　　　　　　作"差集"运算　　　　　　　　作"差集"运算

5. 标注尺寸

①在 viewcube 导航工具中，选好视图方向，如图 12-39（a）所示。

②在"视觉样式"中选择"隐藏"。

③变换 X 的正方向。

命令：UCS↙

当前 UCS 名称：＊没有名称＊

指定 UCS 的原点或 [面(F)/命名(NA)/对象(OB)/上一个(P)/视图(V)/世界(W)/X/Y/Z/Z 轴
(ZA)] ＜世界＞：　　　　　　　　　　　　　//不变

　指定 X 轴上的点或 ＜接受＞：　　　　　　　//选择 X 轴上的点

　指定 XY 平面上的点或 ＜接受＞：　　　　　//选择 XY 平面上的点，结果如图 12-39（b）所示

④选择"线性"尺寸命令，标注 252、249、137 尺寸，结果如图 12-39（c）所示。

⑤选择新的坐标原点，选择"线性"尺寸命令，标注 124.5；选择"直径"尺寸命令，标注

$2 \times \phi 4.8$，结果如图 12-39（d）所示。

　　⑥选择新的坐标原点和坐标轴方向，选择"线性"尺寸命令，标注 108、249、189、454、52；选择"半径"尺寸命令，标注 $R72$，结果如图 12-39（e）所示。

　　⑦选择新的坐标原点，选择"线性"尺寸命令，标注 371，结果如图 12-39（f）所示。

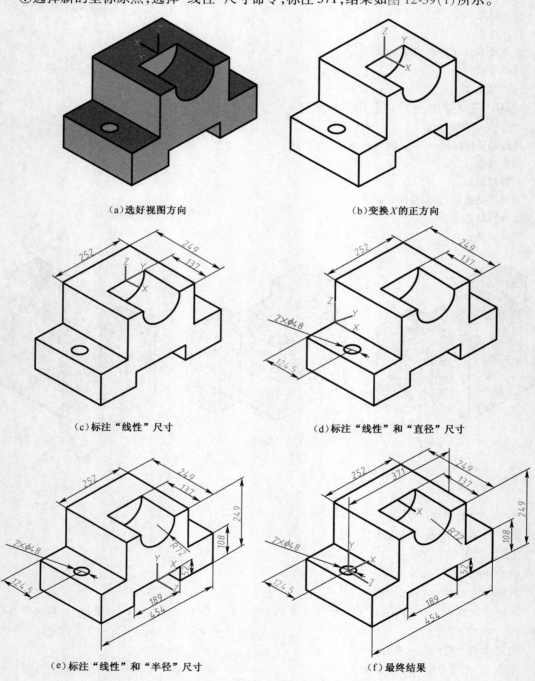

(a) 选好视图方向　　　　　　　　　　　　　　(b) 变换 X 的正方向

(c) 标注"线性"尺寸　　　　　　　　　　　　(d) 标注"线性"和"直径"尺寸

(e) 标注"线性"和"半径"尺寸　　　　　　　　(f) 最终结果

图 12-39　复杂形体标注尺寸步骤

例 12.23　生成图 12-40 所示的复杂形体。

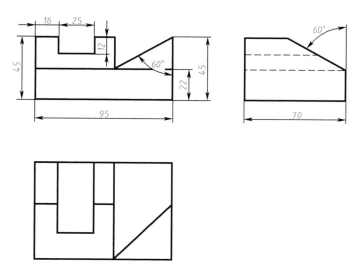

图 12-40　复杂形体三视图

操作步骤：

①建立新文件,在"三维建模"工作空间,转换到"前视图"界面。按题目中"前视图"的尺寸,先画好图中的线段,最上面偏右的线段画得稍长点,如图 12-41 所示。

②从最右边线段的顶点往下,画一与垂直线夹角为 60°的斜线。将底边的水平线往上偏移 22,如图 12-42 所示。

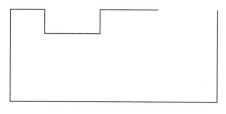

图 12-41　绘制直线

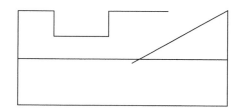

图 12-42　绘制斜线

③从 60°斜线与偏移线的交点起,往上画一垂直线,与最上面的水平线相交,如图 12-43 所示。

④平面图全部画好后,修剪一下,并做成面域,如图 12-44 所示。

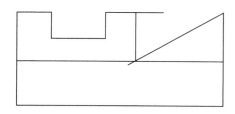

图 12-43　绘制直线

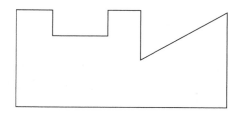

图 12-44　修剪直线

⑤单击【东南等轴侧视图】按钮,转到东南视图界面,如图 12-45 所示。

⑥单击【拉伸】按钮,拉伸做成的面域,拉伸高度为 70,倾斜度为 0,如图 12-46 所示。

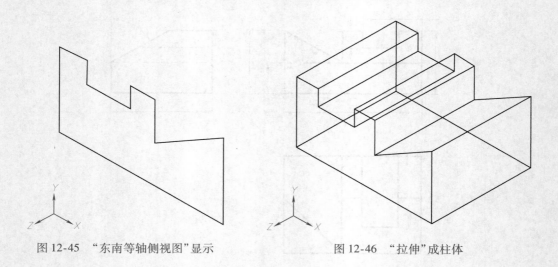

图 12-45 "东南等轴侧视图"显示　　　　　　　图 12-46 "拉伸"成柱体

⑦单击【X 轴旋转 UCS】按钮,输入 –60°,这样,UCS 坐标就绕 X 轴旋转了 60°,如图 12-47 所示。

⑧单击【剖切】按钮,对实体进行剖切,在选择了要剖切的实体后,在提示"指定切面上的一个点"时,输入"XY",准备沿 XY 平面剖切,按【Enter】键确认后,指定 XY 平面上的一个点,如图 12-48 所示。

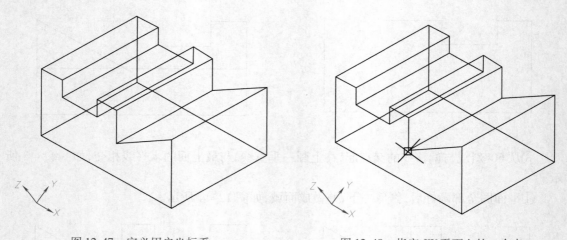

图 12-47 定义用户坐标系　　　　　　　图 12-48 指定 XY 平面上的一个点

⑨在要保留部分的任一地方单击以示保留,如图 12-49 所示。

⑩结果即为已经完成的"消隐图",如图 12-50 所示。

⑪"着色图",如图 12-51 所示。

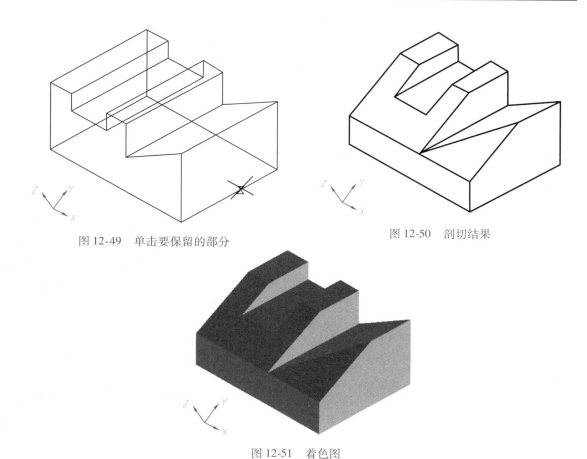

图 12-49　单击要保留的部分　　　　　　　　　　图 12-50　剖切结果

图 12-51　着色图

例 12.24　生成图 12-52 所示的复杂形体。

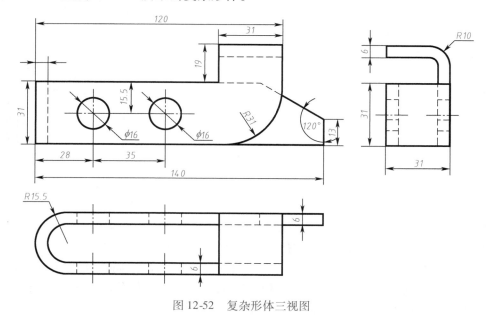

图 12-52　复杂形体三视图

操作步骤:

①参照题目三视图中的尺寸,画好图 12-53 中所示的四部分图形,并做成四个面域。

②平面图形画好后,单击【东南等轴测视图】按钮,将界面转到东南视图,如图 12-54 所示。

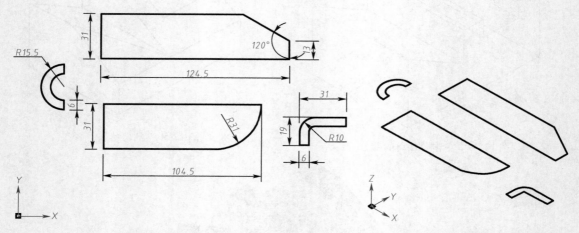

图 12-53 绘制四个面域　　　　　　　　　　　　　　　　　图 12-54 "东南等轴测视图"显示

③用二维转三维的【拉伸】命令,先将两块大的面域拉伸成三维实体,拉伸高度为 6,倾斜度为 0,如图 12-55 所示。

④再用【拉伸】命令,将两块小的面域拉伸成三维实体,拉升高度为 31,倾斜度为 0,如图 12-56 所示。

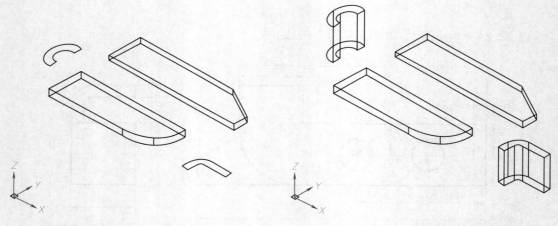

图 12-55 拉伸中间两个成三维实体　　　　　　　　　　图 12-56 拉伸两侧两个成三维实体

⑤选择菜单栏中的【修改】|【三维操作】|【三维旋转】命令,将两块大的实体及一块 L 形的实体沿 X 轴旋转 90°,使两块大的实体立起来,L 形的实体横过来,如图 12-57 所示。

⑥选择菜单栏中的【修改】|【三维操作】|【三维旋转】命令,将 L 形的实体沿 Z 轴旋转 90°,使 L 形的实体转到要求的方向。实体的方向都到位后,开始移动实体,使实体都合到一起,移动时,注意移动的基点及位移的第二点的位置,如图 12-58 所示。

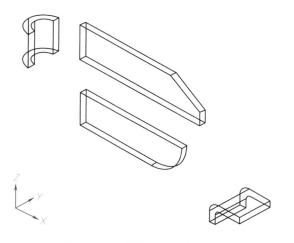

图 12-57　旋转三个三维实体

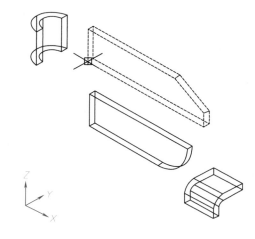

图 12-58　旋转并对准位置

⑦第一块实体移动到位后,再移动第二块实体,同样,要注意移动的基点及位移的第二点的位置,如图 12-59 所示。

⑧再移动 L 形的实体,同样,还是要注意移动的基点及位移的第二点的位置,如图 12-60 所示。

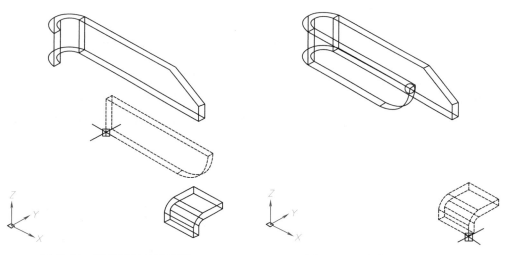

图 12-59　移动后再对准位置　　　　　　　　图 12-60　移动后再对准位置

⑨四部分实体移动好以后,输入消隐命令,如图 12-61 所示。

⑩如图 12-62 所示操作,单击【面 UCS】按钮,单击实体上的一个面,UCS 坐标就会移到这个面的一个角点上,这个面也就处于 XY 平面上,按【Enter】键确认。

⑪由于刚才选中的实体的一个面处于 XY 平面,因此,可以在这个平面上画二维平面图形。如图 12-63 所示,以这个平面左端线的中点为圆心,画一个半径为 8 的圆。

⑫圆画好以后,打开"正交",将所画的圆,沿 X 轴方向移动,移动距离为 12.5,如图 12-64 所示。

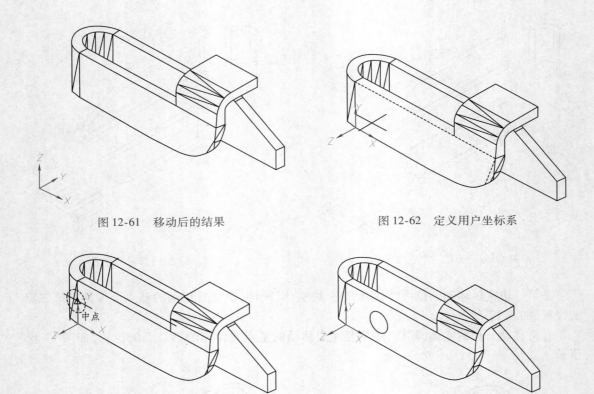

图 12-61　移动后的结果　　　　　　　　　　图 12-62　定义用户坐标系

图 12-63　画半径为 8 的圆　　　　　　　　　图 12-64　移动圆

⑬再复制刚移动好的圆，沿 X 轴方向的"移动"距离为 35，如图 12-65 所示。

⑭用【拉伸】命令，对完成定位的两个圆进行拉伸。查看 UCS 坐标，现在还在这个实体的面上，是要逆 Z 轴方向拉伸，因此，拉伸高度应输入负值：-31，同样，倾斜度为 0，如图 12-66 所示。

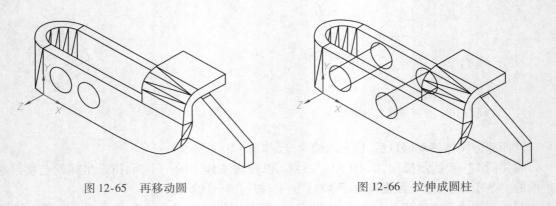

图 12-65　再移动圆　　　　　　　　　　　　图 12-66　拉伸成圆柱

⑮单击【差集】按钮，对实体做差集，选中两块大小实体，确认后，再单击选择要减去的由圆拉伸成的圆柱体，按【Enter】键确认即完成差集操作，如图 12-67 所示。

⑯再做"并集",这个操作更简便,单击【并集】按钮后,圈选全部图形,按【Enter】键即完成操作,如图 12-68 所示。

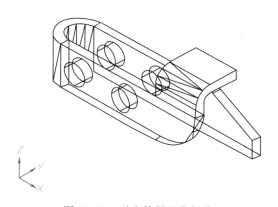

图 12-67　对实体做差集操作

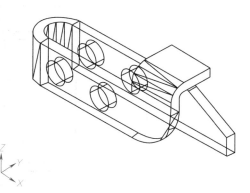

图 12-68　对实体做并集操作

⑰本题的操作全部完成后,其消隐图如图 12-69 所示。

⑱"着色"图如图 12-70 所示。

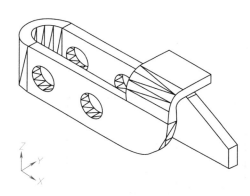

图 12-69　"消隐"后结果

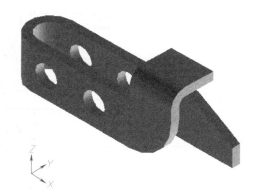

图 12-70　"着色"后结果

练 习 题

1. 生成图 12-71 所示的复杂形体。(参考答案见图 12-72)

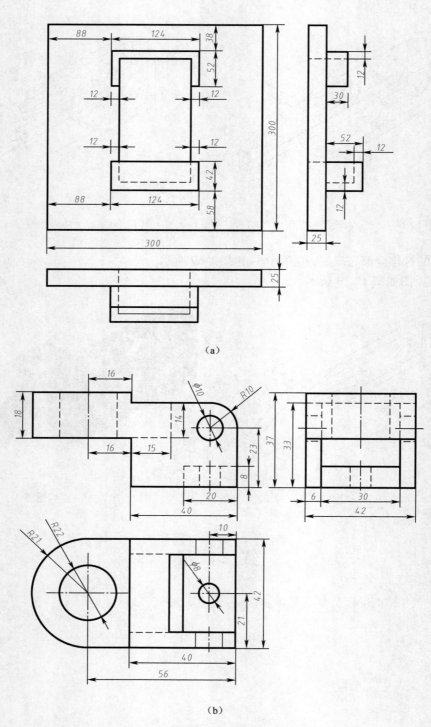

(a)

(b)

图 12-71　复杂形体三视图

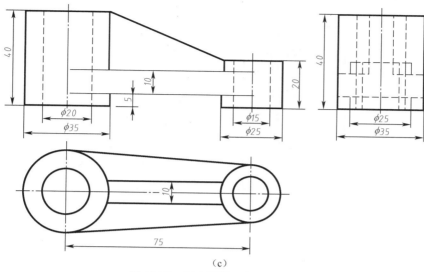

（c）

图 12-71　复杂形体三视图(续)

参考答案：

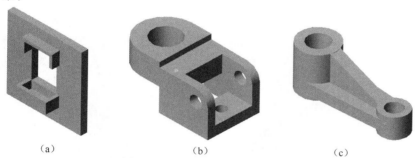

（a）　　　　　　　　　　（b）　　　　　　　　　（c）

图 12-72　复杂形体三维建模结果

2. 生成图 12-73 所示的复杂形体。(参考答案见图 12-74)

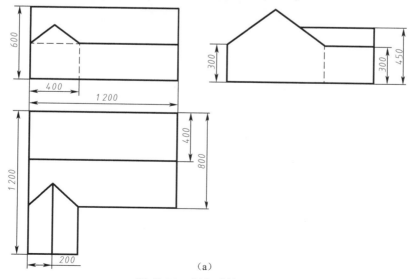

（a）

图 12-73　复杂形体三视图

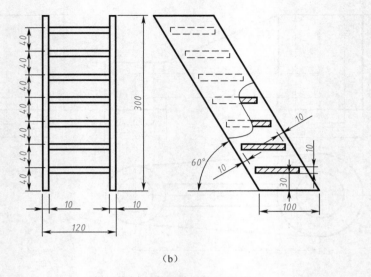

（b）

图 12-73　复杂形体三视图（续）

参考答案：

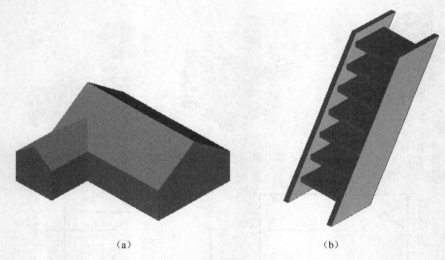

（a）　　　　　　　　　　　　（b）

图 12-74　复杂形体三维建模结果

附录 A　AutoCAD 常用命令（按分类排列）

附表 A-1　功　能　键

序号	功能键	功　　能
1	F1	获取帮助
2	F2	实现作图窗口和文本窗口的切换
3	F3	控制是否实现对象自动捕捉
4	F4	数字化仪控制
5	F5	等轴测平面切换
6	F6	控制状态行上坐标的显示方式
7	F7	栅格显示模式控制
8	F8	正交模式控制
9	F9	栅格捕捉模式控制
10	F10	极轴追踪模式控制
11	F11	对象追踪模式控制
12	F12	动态输入模式控制

附表 A-2　组　合　键

序号	组合键	功能键	功　　能
1	Ctrl + A		选择全部
2	Ctrl + B	F9	栅格捕捉模式控制
3	Ctrl + C		将选择的对象复制到剪贴板
4	Ctrl + E	F5	循环切换 3 个等轴测平面
5	Ctrl + F	F3	控制是否实现对象自动捕捉
6	Ctrl + G	F7	栅格显示模式控制
7	Ctrl + J		重复执行上一步命令
8	Ctrl + K		超链接
9	Ctrl + L	F8	打开或关闭正交模式
10	Ctrl + M		重复上一个命令
11	Ctrl + N		新建图形文件
12	Ctrl + O		打开图像文件
13	Ctrl + P		打开"打印"对话框
14	Ctrl + Q		退出 AutoCAD（或使用【Alt + F4】）

序号	组合键	功能键	功　能
15	Ctrl + S		保存文件
16	Ctrl + U	F10	打开或关闭极轴追踪模式
17	Ctrl + V		粘贴剪贴板上的内容
18	Ctrl + W	F11	打开或关闭对象追踪式
19	Ctrl + X		将对象剪切到剪贴板
20	Ctrl + Y		取消前面的"放弃"动作
21	Ctrl + Z		取消前一步的操作
22	Ctrl + \\	ESC	取消当前命令
23	Ctrl + 1		打开"特性"对话框
24	Ctrl + 2		打开或关闭"设计中心"选项板
25	Ctrl + 3		打开或关闭"工具选项板"
26	Ctrl + 4		打开或关闭"图纸集管理器"
27	Ctrl + 6		打开"数据库连接管理器"
28	Ctrl + 8		显示或隐藏"快速计算器"
29	Ctrl + 9		显示或隐藏命令窗口
30	Ctrl + Tab		多文档切换（或使用【Ctrl + F6】）

附表 A-3　按分类排列的常用各种绘图和编辑命令

序号		命　令　说　明	命令/变量/关键词	快捷键
1		直线	LINE	L
2		射线	RAY	
3		构造线	XLINE	XL
4		多线	MLINE	ML
5		多段线	PLINE	PL
6		样条曲线	SPLINE	SPL
7	二维平面绘图	圆	CIRCLE	C
8		圆弧	ARC	A
9		圆环或实心圆	DONUT	DO
10		椭圆	ELLIPSE	EL
11		矩形	RECTANG	REC
12		正多边形	POLYGON	POL
13		修订云线	REVCLOUD	
14		删除	ERASE	E
15		复制	COPY	CO 或 CP
16	编辑平面图形	镜像	MIRROR	MI
17		偏移	OFFSET	O
18		阵列	ARRAY	AR

续表

序号	命令说明		命令/变量/关键词	快捷键
19	编辑平面图形	移动	MOVE	M
20		旋转	ROTATE	RO
21		缩放	SCALE	SC
22		拉伸	STRETCH	S
23		拉长	LENGTHEN	LEN
24		修剪	TRIM	TR
25		延伸	EXTEND	EX
26		打断	BREACK	BR
27		合并	JOIN	J
28		倒角	CHAMFER	CHA
29		圆角	FILLET	F
30		光顺曲线	BLEND	BL
31		分解	EXPLODE	X
32	点	单点	POINT	PO
33		多点	MULTIPLE POINT	
34		设置点样式	DDPTYPE	
35		定距等分	MEASURE	ME
36		定数等分	DIVIDE	DIV
37	图案填充	图案填充	BHATCH	BH 或 H
38		编辑图案填充	HATCHEDIT	HE
39		显示图案填充	FILLMODE	
40		显示图案填充	FILL	
41	面域	面域	REGION	REG
42		创建面域	BOUNDARY	
43		并集	UNION	UNI
44		差集	SUBTRACT	SU
45		交集	INTERSECT	IN
46	设置绘图环境	图形界限	LIMITS	
47		设置图形单位	UNITS	UN
48		设置参数选项	OPTIONS	OP
49	查询	点坐标	ID	
50		距离	DIST	DI
51		面积和周长	AREA	AA
52	文字	文字样式	STYLE	ST
53		单行文字	DTEXT 或 TEXT	DT
54		多行文本	MTEXT	MT 或 T

序号	命 令 说 明		命令/变量/关键词	快捷键
55	尺寸标注	设置标注样式	DIMSTYLE	DST 或 DDIM
56		线性标注	DIMLINEAR	DLI
57		对齐标注	DIMALIGNED	DAL
58		弧长标注	DIMARC	
59		坐标标注	DIMORDINATE	
60		半径标注	DIMRADIUS	DRA
61		半径折弯标注	DIMJOGGED	
62		直径标注	DIMDIAMETER	DDI
63		角度标注	DIMANGULAR	DAN
64		基线标注	DIMBASELINE	DBA
65		连续标注	DIMCONTINUE	DCO
66		圆心标注	DIMCENTER	DCE
67		引线标注	QLEADER	
68		快速标注	QDIM	
69		调整标注间距	DIMSPACE	
70		线性折弯标注	DIMJOGLINE	
71		几何公差标注	TOLERANCE	TOL
72		折断标注	DIMBREAK	
73	尺寸标注的编辑	标注编辑	DIMEDIT	
74		编辑标注文字的位置	DIMTEDIT	
75		替代标注	DIMOVERRIDE	
76		更新标注	DIMSTYLE	
77	块	内部块	BLOCK	B
78		外部块	WBLOCK	W
79		插入块	INSERT	I
80		定义块属性	ATTDEF	ATT
81		编辑块属性	ATTEDIT	ATE
82	图层	创建图层	LAYER	LA
83		线型设置	LINETYPE	LT
84		线型比例	LTSCALE	LTS
85		颜色设置	COLOR	COL
86	打印输出图形	打印	PLOT	
87		打印预览	PREVIEW	PRE
88	对象捕捉	捕捉自	FROM	
89		捕捉端点	END	
90		捕捉中点	MID	

序号	命令说明		命令/变量/关键词	快捷键
91	对象捕捉	捕捉圆心	CEN	
92		捕捉节点	NOD	
93		捕捉象限点	QUA	
94		捕捉交点	INT	
95		捕捉延长线	EXT	
96		插入点	INS	
97		捕捉垂足	PER	
98		捕捉切点	TAN	
99		捕捉最近点	NEA	
100		捕捉外观交点	APPINT	
101		平行	PAR	
102	设置三维图形的环境	建立用户坐标系	UCS	
103		视图	VIEW	
104		受约束的动态观察	3DORBIT	3DO 或 ORBIT
105		自由动态观察	3DFORBIT	
106		连续动态观察	3DCORBIT	
107		视图控制器	NAVVCUBE	
108		多视口管理	VPORTS	
109	控制实体显示的系统变量	曲面轮廓素线数目	ISOLINES	
110		曲面实体对象的平滑度	FACETRES	
111		立体轮廓线的显示与隐藏	DISPSILH	
112	三维操作	三维移动	3DMOVE	
113		三维旋转	3DROTATE	
114		三维阵列	3DARRAY	3D
115		三维镜像	MIRROR3D	
116		三维对齐	ALIGN	AL
117	三维绘制	绘制三维点	POINT	
118		绘制三维多段线	3DPOLY	
119		绘制三维面	3DFACE	
120		控制三维平面边界的可见性	EDGE	
121		绘制多边网格面	PFACE	
122		绘制三维网络	3DMESH	
123	绘制三维网格曲面	直纹曲面	RULESURF	
124		平移曲面	TABSURF	
125		边界曲面	EDGESURF	
126		旋转曲面	REVSURF	
127		平面曲面	PLANESURF	

序号		命 令 说 明	命令/变量/关键词	快捷键
128	基本三维表面命令	基本形体表面	3D	
129		长方体表面	AI_BOX	
130		棱锥面	AI_PYRAMID	
131		上（下）半球面	AI_DOME（AI_DISH）	
132		圆锥面	AI_CONE	
133		楔体表面	AI_WEDGE	
134		球面	AI_SPHERE	
135		圆环面	AI_TORUS	
136	直接创建三维实体模型	长方体	BOX	
137		圆柱体	CYLINDER	CYL
138		圆锥体	CONE	
139		球体	SPHERE	
140		圆环体	TORUS	TOR
141		楔体	WEDGE	
142		棱锥体	PYRAMID	
143	由平面图形生成三维实体模型	拉伸	EXTRUDE	EXT
144		旋转	REVOLVE	REV
145		放样	LOFT	
146		扫掠	SWEEP	
147		拖拽	PRESSPULL	
148	编辑三维实体模型	并集	UNION	UNI
149		差集	SUBTRACT	SU
150		交集	INTERSECT	IN
151		倒角边	CHAMFEREDGE	
152		圆角边	FILLETEDGE	
153		编辑实体（拉伸面、移动面、偏移面、旋转面）	SOLIDEDIT	
154		剖切实体	SLICE	SL
155		分解实体	EXPLODE	
156		干涉检查	INTERFERE	INF
157	特殊视图	剖切	SLICE	SL
158		剖切截面	SECTION	SEC
159		截面平面	SECTIONPLANE	

附录 B　AutoCAD 常用命令（按字母排列）

命令别名是命令的简写，用键盘输入。通过编辑 acad. pgp 文件，可以修改、删除或添加命令别名。选择菜单栏中的【工具】|【自定义】|【编辑程序参数】命令即可显示用记事本打开的 acad. pgp 文件，用户可以浏览、编辑它。注意 acad. pgp 文件中也定义了 Windows 和 DOS 外部命令的别名，此处没有列出这些别名。

附表 B　按字母顺序排列的常用各种绘图和编辑命令

序号	CAD 命令	简写	用　　途
1	3D		创建三维实体
2	3DARRAY	3A	三维阵列
3	3DCLIP		设置剪切平面位置
4	3DCORBLT		继续执行 3DORBIT 命令
5	3DDISTANCE		距离调整
6	3DFACE	3F	绘制三维曲面
7	3DMESH		绘制三维自由多边形网格
8	3DORBLT	3DO	三维动态旋转
9	3DPAN		三维视图平移
10	3DPLOY	3P	绘制三维多段线
11	3DSIN		插入一个 3DS 文件
12	3DSOUT		输出图形数据到一个 3DS 文件
13	3DSWIVEL		旋转相机
14	3DZOOM		三维视窗下视窗缩放
15	ABOUT		显示 AutoCAD 的版本信息
16	ACISIN		插入一个 ACIS 文件
17	ACISOUT		将 AutoCAD 三维实体目标输出到 ACIS 文件
18	ADCCLOSE		关闭 AutoCAD 设计中心
19	ADCENTER	ADC	启动 AutoCAD 设计中心
20	ADCNAVIGATE	ADC	启动设计中心并访问用户设置的文件名、路径或网上目录
21	ALIGN	AL	图形对齐
22	AMECONVERT		将 AME 实体转换成 AutoCAD 实体
23	APERTURE		控制目标捕捉框的大小
24	APPLOAD	AP	装载 AutoLISP、ADS 或 ARX 程序
25	ARC	A	绘制圆弧

序号	CAD 命令	简写	用　　途
26	AREA	AA	计算所选择区域的周长和面积
27	ARRAY	AR	图形阵列
28	ARX		加载、卸载 Object ARX 程序
29	ATTDEF	ATT	创建属性定义
30	ATTDISP		控制属性的可见性
31	ATTEDIT	ATE	编辑图块属性值
32	ATTEXT	DDAT TEXT	摘录属性定义数据
33	ATTREDEF		重定义一个图块及其属性
34	AUDIT		检查并修复图形文件的错误
35	BACKGROUND		设置渲染背景
36	BASE		设置当前图形文件的插入点
37	BHATCH	BH 或 H	区域图样填充
38	BLIPMODE		点记模式控制
39	BLOCK	B 或 - B	将所选的实体图形定义为一个图块
40	BLOCKICON		为 R14 或更早版本所创建的图块生成预览图像
41	BMPOUT		将所选实体以 BMP 文件格式输出
42	BOUNDARY	BO 或 - BO	创建区域
43	BOX		绘制三维长方体实体
44	BRDAK	BR	折断图形
45	BROWSER		网络浏览
46	CAL		AutoCAD 计算功能
47	CAMERA		相机操作
48	CHAMFER	CHA	倒直角
49	CHANGE	- CH	属性修改
50	CH PROP		修改基本属性
51	CIRCLE	C	绘制圆
52	CLOSE		关闭当前图形文件
53	COLOR	COL	设置实体颜色
54	COMPILE		编译(Shape)文件和 PostScript 文件
55	CONE		绘制三维圆锥实体
56	CONVERT		将 R14 或更低版本所作的二维多段线（或关联性区域图样填充）转换成 AutoCAD 2000 格式
57	COPY	CO 或 CP	复制实体
58	COPYBASE		固定基点以复制实体
59	COPYCLIP		复制实体到 Windows 剪贴板
60	COPYHIST		复制命令窗口历史信息到 Windows 剪贴板
61	COPYLINK		复制当前视窗至 Windows 剪贴板

续表

序号	CAD 命令	简写	用 途
62	CUTCLIP		剪切实体至 Windows 剪贴板
63	CYLINDER		绘制一个三维圆柱实体
64	DBCCLOSE		关闭数据库连接管理
65	DBCONNECT	DBC	启动数据库连接管理
66	DBLIST		列表显示当前图形文件中每个实体的信息
67	DDEDIT	ED	以对话框方式编辑文本或属性定义
68	DDPTYPE		设置点的形状及大小
69	DDVPOINT	VP	通过对话框选择三维视点
70	DELAY		设置演示(Script)延时时间
71	DIM AND DIM1		进入尺寸标注状态
72	DIMALIGNED	DAL	标注平齐尺寸
73	DIMANGULAR	DAN	标注角度
74	DIMBASELINE	DBA	基线标注
75	DIMCENTER	DCE	标注圆心
76	DIMCONTINUE	DCO	连续标注
77	DIMDIAMETER	DDI	标注直径
78	DIMEDIT	DED	编辑尺寸标注
79	DIMLINEAR	DLI	标注长度尺寸
80	DIMORDINATE	DOR	标注坐标值
81	DIMOVERRIDE	DOR	临时覆盖系统尺寸变量设置
82	DIMRADIUS	DRA	标注半径
83	DIMSTYLE	DST	创建或修改标注样式
84	DIMTEDIT	DIMTED	编辑尺寸文本
85	DIST	DI	测量两点之间的距离
86	DIVIDE	DIV	等分实体
87	DONUT	DO	绘制圆环
88	DRAGMODE		控制是否显示拖动对象的过程
89	DRAWORDER	DR	控制两重叠(或有部分重叠)图像的显示次序
90	DSETTINGS	DS、SE	设置栅格和捕捉、角度和目标捕捉点自动跟踪以及自动目标捕捉选项功能
91	DSVIEWER	AV	鹰眼功能
92	DVIEW	DV	视点动态设置
93	DWGPROPS		设置和显示当前图形文件的属性
94	DXBIN		将 DXB 文件插入到当前文件中
95	EDGE		控制三维曲面边的可见性
96	EDGESURF		绘制四边定界曲面
97	ELEV		设置绘图平面的高度

序号	CAD 命令	简写	用　途
98	ELLIPSE	EL	绘制椭圆或椭圆弧
99	ERASE	E	删除实体
100	EXPLODE	X	分解实体
101	EXPORT	EXP	文件格式输出
102	EXPRESSTOOLS		如果当前 AutoCAD 环境中无"快捷工具"这一工具，可启动该命令以安装 AutoCAD 快捷工具
103	EXTEND	EX	延长实体
104	EXETRUDE	EXT	将二维图形拉伸成三维实体
105	FILL	F	控制实体的填充状态
106	FILLET		倒圆角
107	FILTER	FI	过滤选择实体
108	FIND		查找与替换文件
109	FOG		三维渲染的雾度配置
110	GRAPHSCR		在图形窗口和文本窗口间切换
111	GRID		显示栅格
112	GROUP	G 或 – G	创建一个指定名称的目标选择组
113	HATCH	– H	通过命令行进行区域填充图样
114	HATCHEDIT	HE	编辑区域填充图样
115	HELP		显示 AutoCAD 在线帮助信息
116	HIDE		消隐
117	HYPERLINK		插入超链接
118	HYPERLINKOPTIONS	HI	控制是否显示超链接标签
119	ID		显示点的坐标
120	IMAGE	I	将图像文件插入到当前图形文件中
121	IMAGEADJUST	LAD	调整所选图像的明亮度、对比度和灰度
122	IMAGEATTACH	LAT	附贴一个图像至当前图形文件
123	IMAGECLIP	ICL	调整所选图像的边框大小
124	IMAGFRAME		控制是否显示图像的边框
125	IMAGEQUALITY		控制图像的显示质量
126	IMPORT	TMP	插入其他格式文件
127	INSERT	I	把图块（或文件）插入到当前图形文件
128	INSERTOBJ	IO	插入 OLE 对象
129	INTERFERE	INF	将两个或两个以上的三维实体的相交部分创建为一个单独的实体
130	INTERSECT	IN	对三维实体求交
131	ISOPLANE		定义基准面
132	LAYER	LA 或 – LA	图层控制
133	LAYOUT	LO	创建新布局或对已存在的布局进行更名、复制、保存或删除等操作

序号	CAD 命令	简写	用　途
134	JOIN	J	合并
135	LAYOUTWIZARD		布局向导
136	LEADER	LE 或 LEAD	指引标注
137	LENGTHEN	LEN	改变实体长度
138	LIGHT		光源设置
139	LIMTS		设置图形界限
140	LINS	L	绘制直线
141	LINETYPE	LT	创建、装载或设置线型
142	LIST	LS	列表显示实体信息
143	LOAD		装入已编译过的形文件
144	LOGFILEOFF		关闭登录文件
145	LOGFILEON		将文本窗口的内容写到一个记录文件中
146	LSEDIT		场景编辑
147	LSLIB		场景库管理
148	LSNEW		添加场景
149	LTSCALE	LTS	设置线型比例系数
150	LWEIGHT	LW	设置线宽
151	MASSPROP		查询实体特性
152	MATCHPROP	MA	属性匹配
153	MATLIB		材质库管理
154	MEASURE	ME	定长等分实体
155	MENU		加载菜单文件
156	MENULOAD		加载部分主菜单
157	MENUUNLOAD		卸载部分主菜单
158	MINSERT		按矩形阵列方式插入图块
159	MIRROR	MI	镜像实体
160	MIRROR3D		三维镜像
161	MLEDIT		编辑平行线
162	MLINE	ML	绘制平行线
163	MLSTYLE		定义平行线样式
164	MODEL		从图纸空间切换到模型空间
165	MOVE	M	移动实体
166	MSLIDE		创建幻灯片
167	MSPACE	MS	从图纸空间切换到模型空间
168	MTEXT	MT 或 T	多行文本标注
169	MULTIPLE		反复多次执行上一次命令直到执行别的命令或按 Esc 键

序号	CAD 命令	简写	用　　途
170	MVIEW	MV	创建多视窗
171	MVSETUP		控制视口
172	NEW		新建图形文件
173	OFFSET	O	偏移复制实体
174	OLELINKS		更新、编辑或取消已存在的 OLE 链接
175	OLESCALE		显示 OLE 属性管理器
176	OOPS		恢复最后一次被删除的实体
177	OPEN		打开图形文件
178	OPTIONS	OP、PR	设置 AutoCAD 系统配置
179	ORTHO	F8	切换正交状态
180	OSNAP	OS 或 – OS	设置目标捕捉方式及捕捉框大小
181	PAGESETUP		页面设置
182	PAN	P 或 – P	视图平移
183	PARTIALOAD		部分装入
184	PARTIALOPEN		部分打开
185	PASTEBLOCK		将已复制的实体目标粘贴成图块
186	PASTECLIP		将剪贴板上的数据粘贴至当前图形文件中
187	PASTEORLG		固定点粘贴
188	PASTESPEC	PA	将剪贴板上的数据粘贴至当前图形文件中并控制其数据格式
189	PCINWINEARD		导入 PCP 或 PC2 配置文件的向导
190	PEDIT	PE	编辑多段线和三维多边形网格
191	PFACE		绘制任意形状的三维曲面
192	PLAN		设置 UCS 平面视图
193	PLINE	PL	绘制多段线
194	PLOT	PRINT	图形输出
195	PLOTSTYLE		设置打印样式
196	PLOTTERMANAGER		打印机管理器
197	POINT	PO	绘制点
198	POLYGON	POL	绘制正多边形
199	PREVIEW	PRE	
200	PROPERTLES	CH、MO	打印预览目标属性管理器
201	PROPERTLESCLOSE	PRCLOSE	关闭属性管理器
202	PSDRAG		控制 PostScript 图像显示
203	PSETUPIN		导入自定义页面设置
204	PSFILL		用 PostScript 图案填充二维多段线
205	PSIN		输入 PostScript 文件

续表

序号	CAD 命令	简写	用　　途
206	PSOUT		输出 PostScript 文件
207	PSPACE	PS	从模型空间切换到图纸空间
208	PURGE	PU	消除图形中无用的对象,如图块、尺寸标注样式、图层、线型、形和文本标注样式等
209	QDIM		尺寸快速标注
210	QLEADER	LE	快速标注指引线
211	QSAVE		保存当前图形文件
212	QSELECT		快速选择实体
213	QTEXT		控制文本显示方式
214	QUIT	EXIT	退出 AutoCAD
215	RAY		绘制射线
216	RECOVER		修复损坏的图形文件
217	RECTANG	REC	绘制矩形
218	REDEFINE		恢复一条已被取消的命令
219	REDO		恢复由 Undo(或 U)命令取消的最后一条命令
220	REDRAW	R	重新显示当前视窗中的图形
221	REDRAWALL	RA	重新显示所有视窗中的图形
222	REFCLOSE		外部引用在位编辑时保存退出
223	REFEDIT		外部引用在位编辑
224	REFSET		添加或删除外部引用中的项目
225	REGEN	RE	重新生成当前视窗中的图形
226	REGENALL	REA	重新刷新生成所有视窗中的图形
227	REGGNAUTO		自动刷新生成图形
228	REGION	REG	创建区域
229	REINIT		重新初始化 AutoCAD 的通信端口
230	RENAME	REN	更改实体对象的名称
231	RENDER	RR	渲染
232	RENDSCK		重新显示渲染图片
233	REPLAY		显示 BMP、TGA 或 TIEF 图像文件
234	RESUME		继续已暂停或中断的脚本文件
235	REVOLVE	REV	将二维图形旋转成三维实体
236	REVSURF		绘制旋转曲面
237	RMAT		材质设置
238	ROTATE	RO	旋转实体
239	ROTATE3D		三维旋转
240	RPREF	RPR	设置渲染参数
241	RSCRIPT		创建连续的脚本文件

续表

序号	CAD 命令	简写	用 途
242	RULESURF		绘制直纹面
243	SAVE		保存图形文件
244	SAVE AS		将当前图形另存为一个新文件
245	SAVEIMG		保存渲染文件
246	SCALE	SC	比例缩放实体
247	SCENE		场景管理
248	SCRIPT	SCR	自动批处理 AutoCAD 命令
249	SECTION	SEC	生成剖面
250	SELECT		选择实体
251	SETUV		设置渲染实体几何特性
252	SETVAR	SET	设置 AutoCAD 系统变量
253	SHADE	SHA	着色处理
254	SHAPE		插入形文件
255	SHELL	SH	切换到 DOS 环境下
256	SHOWMAT		显示实体材质类型
257	SKETCH		徒手画线
258	SLICE	SL	将三维实体切开
259	SNAP	SN	设置目标捕捉功能
260	SOLDRAW		生成三维实体的轮廓图形
261	SOLID	SO	绘制实心多边形
262	SOLIDEIDT		三维实体编辑
263	SOLPROF		绘制三维实体的轮廓图像
264	SOLVIEW		创建三维实体的平面视窗
265	SPELL	SP	检查文体对象的拼写
266	SPHERE		绘制球体
267	SPLINE	SPL	绘制一条光滑曲线
268	SPLINEDIT	SPE	编制一条光滑曲线
269	STATS		显示渲染实体的系统信息
270	STATUS		查询当前图形文件的状态信息
271	STLOUT		将三维实体以 STL 格式保存
272	STRETCH	S	拉伸实体
273	STYLE	ST	创建文体标注样式
274	STYLESMANAGER		显示打印样式管理器
275	SUBTRACT	SU	布尔求差
276	SYSWINDOWS		控制 AutoCAD 文体窗口
277	TABLET	TA	设置数字化仪

续表

序号	CAD 命令	简写	用　途
278	TABSURF		绘制拉伸曲面
279	TEXT		标注单行文体
280	TEXTSCR		切换到 AutoCAD 文体窗口
281	TIME		时间查询
282	TOLERANCE	TOL	创建尺寸公差
283	TOOLBAR	TO	增减工具栏
284	TORUS	TOR	创建圆环实体
285	TRACE		绘制轨迹线
286	TRANSPARENCY		透水波设置
287	TREESTAT		显示当前图形文体件路径信息
288	TRIM	TR	修剪
289	U		撤销上一操作
290	UCS		建立用户坐标系统
291	UCSICON		控制坐标图形显示
292	UCSMAN		UCS 管理器
293	UNDEFINE		允许用户将自定义命令覆盖 AutoCAD 内部命令
294	UNDO		撤销上一组操作
295	UNION	UNI	布尔求并
296	UNITS	– UN 或 UN	设置长度及角度的单位格式和精度等级
297	VBAIDE		VBA 集成开发环境
298	VBALOAD		加载 VBA 项目
299	VBAMAN		VBA 管理器
300	VBARUN		运行 VBA 宏
301	VBASTMT		运行 VBA 语句
302	VBAUNLOAD		卸载 VBA 工程
303	VIEW	– V	视窗管理
304	VIEWRES		设置当前视窗中目标重新生成的分辨率
305	VLISP	VLIDE	打开 Visual LISP 集成开发环境
306	VPCLIP		复制视图实体
307	VPLAYER		设置视窗中层的可见性
308	VPOINT	– VP 或 VP	设置三维视点
309	VPORTS		视窗分割
310	VSLIDE		显示幻灯文件
311	WBLOCK	W	图块存盘
312	WEDGE	WE	绘制楔形体
313	WHOHAS		显示已打开的图形文件的所属信息

序号	CAD 命令	简写	用　途
314	WMFIN		输入 Windows 应用软件格式的文件
315	WMFOPTS		设置 WMFIN 命令选项
316	WMFOUT		WMF 格式输出
317	XATTACH	XA	粘贴外部文件至当前图形
318	XBIND	– XB 或 XB	将一个外部引用的依赖符永久地溶入当前图形文件中
319	XCLIP	XC	设置图块或处理引用边界
320	XLINE	XL	绘制无限长直线
321	XPLODE		分解图块并设置属性参数
322	XREF	XR 或 – XR	外部引用
323	ZOOM	Z	视图缩放透明命令

参 考 文 献

［1］何培英,韩素兰,牛红宾,等. AutoCAD 计算机绘图实用教程［M］. 3 版. 北京:高等教育出版
　　社,2023.

［2］许国玉. 工业产品类 CAD 技能一级(二维计算机绘图)AutoCAD 培训教程［M］. 北京:清华大学出版
　　社,2010.

［3］刘瑞新. AutoCAD 2016 中文版机械制图教程［M］. 北京:机械工业出版社,2018.

［4］阎晓琳,张凤莲,朱静. 现代机械制图习题集［M］. 3 版. 北京:机械工业出版社,2023.

［5］仝基斌,晏群. 机械制图习题集［M］. 北京:机械工业出版社,2007.

［6］许纪倩,万静. 机械制图习题集［M］. 2 版. 北京:清华大学出版社,2011.

［7］王枫红,杨光辉. 工业产品设计与表达习题集［M］. 4 版. 北京:高等教育出版社,2023.

［8］潘锲,姜勇. AutoCAD 机械制图教程［M］. 北京:人民邮电出版社,2011.